RÉVOLUTION
SCIENTIFIQUE

RÉVOLUTION
SCIENTIFIQUE

DÉDIÉE

AUX AUTORITÉS COMPÉTENTES

De la Nation Française.

RÉVOLUTION

SCIENTIFIQUE

DÉDIÉE

AUX AUTORITÉS COMPÉTENTES

De la Nation Française,

PAR

Antoine DERYAUX, de Vienne (Isère).

CETTE RÉVOLUTION SERA D'UNE GRANDE UTILITÉ POUR LA SÉCURITÉ DE LA NAVIGATION. ELLE FERA CONNAITRE LE VÉRITABLE ET PRINCIPAL MOBILE DE LA MATIÈRE. REPRÉSENTÉ PAR LA FORCE CENTRIFUGE DES CORPS, CONTRADICTOIREMENT AU SYSTÈME D'ATTRACTION, ET ELLE REPLACERA LE CHAR DE LA SCIENCE ASTRONOMIQUE DANS LA BONNE VOIE D'OU L'A FAIT DÉVIER NEWTON.

Prix : 2 francs.

PARIS.

Librairie RENOUARD.

6, *RUE DE TOURNON*, 6.

Henri LOONES, successeur.

1872.

PRÉFACE

M'étant aperçu que les systèmes usités pour expliquer la loi physique de la matière laissaient beaucoup à désirer, j'ai pensé que, malgré le respect qu'on doit avoir pour les règles établies par d'illustres prédécesseurs, il est permis de chercher s'il n'existe pas des moyens propres à mieux faire connaître qu'on ne l'a fait jusqu'à ce jour par quelle loi les corps célestes conservent entre eux leurs distances respectives, tout en ayant une tendance à se précipiter les uns contre les autres.

A force d'étude , en me basant sur les mouvements qu'on voit effectuer aux planètes par rapport au soleil , qui est leur centre de gravité, ainsi que sur ceux qu'on voit exécuter à la lune par rapport à la terre, qui est également le point d'appui du globe lunaire, j'ai cru reconnaître que le premier et véritable mobile de la matière, c'est la force centrifuge des corps en général.

Par cette force, tous les corps, grands et petits, tendent à prendre le plus de développement possible, et l'ensemble de la matière, agissant par réaction, tend constamment à diminuer les grandeurs de place qu'occupent dans l'espace les corps particuliers.

Par la force centrifuge des corps, qu'on peut appeler répulsive et impulsive, on se rend compte comment les corps célestes inférieurs sont tenus à distance de leurs supérieurs, tout en étant constamment poussés vers leur centre de gravité.

Lorsque la chute d'une pomme fit imaginer à Newton une puissance attractive universelle, par laquelle les gros corps attiraient les petits, le célèbre mathématicien anglais ne tarda pas à s'apercevoir que cette puissance d'attraction réunirait toutes les planètes au soleil et ne formerait plus qu'une seule masse.

Pour remédier à cet inconvénient, Newton imagina aux planètes une force de projection qui tendrait à leur faire suivre une ligne droite, et que cette ligne serait déviée par l'attraction du soleil, qui ferait décrire des curvilignes aux planètes.

Ce système très-ingénieux séduisit tous les penseurs, et les fit dévier de la voie qu'ils auraient pu suivre pour découvrir la vérité.

La force de projection en ligne droite que Newton a supposée aux planètes n'étant démontrée par aucune raison plausible, cette force, ainsi que beaucoup d'autres imaginations pour faire concorder les causes avec les faits, sont des œuvres dignes d'un génie supérieur, mais elles ne peuvent pas prévaloir contre la vérité, surtout lorsque cette vérité se manifeste dans tous les corps célestes et terrestres.

Ce qui a fait imaginer que les corps possédaient la propriété de s'attirer mutuellement, c'est parce qu'on a remarqué que ceux placés entre la terre et son atmosphère avaient tous une tendance à rejoindre le sol terrestre ; alors on a dit : la terre, qui est le corps le plus gros attirant tous ceux qui l'environnent, ce doit être une règle générale pour tous les corps célestes et terrestres : les gros corps doivent nécessairement attirer les petits.

On a dit cela parce qu'on n'a pas pensé à la compression de l'ensemble de la matière, qui tend constamment à diminuer les grandeurs de place qu'occupent dans l'espace les corps particuliers, et que, par ce fait, les centres de gravité, au lieu d'avoir la propriété d'attirer à eux les corps inférieurs qui les entourent, ont celle de les tenir à l'écart par leur force centrifuge, expansive et répulsive.

Par la connaissance des véritables causes des marées, on se rend compte des positions respectives qu'occupent les corps célestes les uns par rapport aux autres, puisque lesdites marées dépendent des influences de la lune et du soleil. On voit que les corps célestes inférieurs, ainsi que leur force centrifuge, sont appuyés sur des cercles répulsifs, représentés par les forces centrifuges de leur supérieur, contradictoirement au système d'attraction, qui place les planètes dans des orbites.

On trouve des détails à cet égard dans ma dernière brochure, intitulée: *Découverte de la vraie cause des flux et reflux des mers*, et particulièrement dans les pages 44, 45 et 46.

Pour être dans le vrai, au lieu de poser comme principe que les corps s'attirent généralement, c'est l'inverse que Newton aurait dû dire, parce qu'en examinant la loi immuable de la matière on voit que, au lieu de s'attirer mutuellement, tous les corps, grands et petits, ont une tendance à se repousser plus ou moins, suivant leur organisation physique, et cela d'après leur force centrifuge, qu'on peut appeler, comme je l'ai dit plus haut, expansive ou répulsive.

DISSERTATION SUR LES DEUX FORCES OPPOSÉES CONNUES SOUS LES NOMS DE FORCE CENTRIFUGE ET FORCE CENTRIPÈTE.

En examinant les deux forces centrifuge et centripète, on voit qu'il y en a une qui n'est que la conséquence de l'autre, parce que la matière ne peut pas exercer deux puissances opposées : elle ne peut avoir qu'un mobile, qui s'étend jusqu'à ce qu'il rencontre une résistance suffisante pour le renvoyer par réaction.

En observant comment s'effectue le premier mobile de la matière, on voit que l'agent primitif qui provoque l'expansion et les mouvements, c'est la force centrifuge partant du centre des corps à leur extérieur.

Ainsi que je l'ai dit dans ma préface, cette force centrifuge, qu'on peut appeler expansive ou répulsive, est cause que, généralement, dans la nature entière, tous les corps, grands et petits, tendent à prendre le plus de développement possible, suivant leur organisation physique ; et l'ensemble de la matière, agissant par réaction, tend constamment à diminuer ou à comprimer les places qu'occupent dans l'espace les corps particuliers.

La force centrifuge des corps dépend d'un agent actif composé de diverses matières impondérables et incandescentes connues sous différents noms, tels que fluide calorique, lumière ; fluide électrique, fluide magnétique, etc., etc. Je n'ai pas assez de connaissances en physique

et en chimie pour énumérer tout ce qui compose la matière subtile et incandescente qui, en provoquant la dila-
tation des corps, en augmente considérablemeent et rapidement les volumes.

La force centrifuge ou expansive des corps agit en tous
sens, de bas en haut comme de haut en bas, à droite
comme à gauche, et elle se trouve limitée par la résistance
de la force centripète, qui la comprime également dans
tous les sens.

On se rend compte de cela par de simples expériences:
comme, par exemple, lorsque, par une chaleur suffisante,
un volume d'eau renfermé dans une chaudière se trouve
dilaté et converti en vapeur, le développement que cette
vapeur tend à prendre s'effectue dans tous les sens ; elle
s'échappe par le tube qu'on lui a préparé; et si la force
centrifuge de la vapeur est suffisante pour faire éclater la
chaudière, faute d'issue pour l'épanchement, les éclats
de ladite chaudière sont lancés dans tous les sens, à
droite comme à gauche, en haut comme en bas, et ce
n'est qu'aux endroits où ils éprouvent trop de résistance
qu'ils ne vont pas.

Il en est de même d'une bombe qui éclate, ou de la
décharge d'une arme à feu. Si quelques obstacles empê-
chent le projectile de prendre son essor par l'ouverture
du canon de l'arme, il s'ensuit que la charge, tendant à
prendre son élan dans tous les sens, repousse violemment
la main ou l'affût qui la porte, et qu'elle éclate vers sa

partie la plus faible, dessus ou dessous, à droite comme
à gauche.

La force centrifuge ou expansive agissant dans tous les
sens, il s'ensuit que, en s'agrandissant, les corps prennent tous une forme sphérique lorsque leur entourage est
d'une égale flexibilité.

On a la preuve évidente de cela par une expérience
bien simple : lancez un globule de savon dans l'espace,
ce globule prend une forme ronde parce que l'expansion
de la matière qui le remplit agit en tous sens contre une
matière d'égale flexibilité, et les molécules de l'atmosphère qui le compriment lui opposent aussi une résistance égale de toutes parts.

Cette simple expérience explique pourquoi les corps
célestes ont tous une forme sphérique, et il est certain
que, comme pour les ballons, leur intérieur est composé
de matières impondérables et leur enveloppe de matières
solides, plus ou moins denses.

La force centrifuge ou expansive n'ayant pas deux
manières d'agir, elle produirait les mêmes effets pour le
développement des corps terrestres que pour celui des
corps célestes si les corps terrestres ne rencontraient pas
des inégalités dans la résistance qui s'oppose à leur développement.

On voit cela par les fruits suspendus librement par
leur tige, les troncs des arbres, etc., etc. Tous les corps,

dans la nature, prennent une forme ronde lorsque ces corps rencontrent une résistance égale en tous sens, et qu'ils n'éprouvent aucun tiraillement capable de contrarier leur développement.

Cette loi est si vraie, qu'elle se trouve partout, jusque dans les plus petites molécules de la matière : ainsi, le sang qui circule dans les veines et artères des animaux de toutes espèces est formé de petits globules ronds ; le vin mousseux ne tend à s'échapper du vase qui le contient que par la fermentation de petits globules ronds, qui, par leur force centrifuge et expansive, tendent à occuper le plus de place possible ; l'eau gazeuse, la bière, etc., etc., tous ces liquides contiennent des petits globules ronds, parce que la force centrifuge qui fait prendre du développement à ces globules agit en tous sens, et que la résistance que le liquide oppose à ce développement est aussi égale en tous sens.

Résumé : Tous les corps, grands et petits, qui composent l'ensemble de la matière, depuis les plus petites molécules terrestres jusqu'aux grands astres de première classe, tous les corps, en général, dis-je, tendent à prendre le plus de développement possible dans l'espace par leur force centrifuge ou expansive; et l'ensemble de la matière, agissant par réaction, tend constamment à diminuer ou comprimer l'étendue de volume que tendent à prendre les corps particuliers.

De ce fait il résulte, ainsi que je l'ai déjà dit, que les

corps célestes inférieurs sont tenus à distance par leurs supérieurs, et sont constamment poussés vers leur centre de gravité par l'ensemble de la matière.

La force centripète, ou compressive, a lieu sur les corps particuliers par l'ensemble des corps en général, qui, aux regards des hommes, n'a ni fin, ni commencement, et a son centre partout.

Je dis que l'ensemble des corps qui figurent dans le firmament est un objet infini pour l'homme, parce que le nombre des astres est incalculable, puisqu'on ne peut pas préciser jusqu'à quelle distance il y en a.

En supposant qu'on parvînt à préciser combien on peut voir d'étoiles à l'œil nu, on ne pourrrait pas savoir le nombre de celles qu'on pourrait encore découvrir à l'aide d'un bon télescope ; et quand même on parviendrait à déterminer ce nombre, il n'y a pas de raison pour admettre qu'un observateur placé sur l'étoile la plus éloignée de celles qu'on pourrait apercevoir avec un bon télescope n'en vît pas d'autres du côté qui nous est opposé.

Par ces motifs, on peut conclure que jamais les hommes ne parviendront (quelle que soit la perfection de leurs instruments d'optique) à préciser le nombre des étoiles, ni à mesurer l'espace ; ces objets seront toujours indéfinissables pour eux.

Il n'en sera pas de même à l'égard du sens de la gravitation des corps, car la terre faisant partie du système solaire, et étant le centre de gravité de la lune, les hommes peuvent facilement observer comment s'effectue la gravitation des planètes par rapport au soleil, ainsi que le sens de gravitation de la lune par rapport à la terre.

Pour faciliter cette observation, il suffit de classer les corps eélestes dans leur ordre respectif, d'après ce qui se voit et qui a été reconnu par la science.

CLASSIFICATION DES CORPS CÉLESTES.

En admettant, ce qui est à peu près certain, que le soleil ne peut figurer dans le firmament que comme un astre de deuxième classe, les corps célestes connus des hommes seraient divisés en quatre classes et dans l'ordre suivant :

1° Les grandes étoiles fixes.

2° Les soleils, comme celui qui est le centre de gravité des planètes.

3° Les planètes qui font partie du système solaire, telles que la Terre, Jupiter, Saturne, etc., etc.

4° Et enfin, les satellites ou lunes des planètes, tels que les quatre satellites de la planète Jupiter, la lune de la terre, celles de la planète Saturne, de la planète Uranus, etc., etc.

Il est possible que les corps célestes qui ne font pas partie du système solaire, et qui, par conséquent, sont trop éloignés de la terre pour que les hommes puissent s'en rendre compte, il est possible, dis-je, qu'il y ait des corps célestes divisés en plus ou moins de classes que ne le sont ceux qui font partie du système de notre soleil. Néanmoins, quelle que soit la multiplicité de leur déclinaison, ils doivent être tous soumis à la même loi pour la gravitation, attendu que la matière ne peut pas avoir deux manières d'agir.

Il y a encore un genre de corps célestes connus sous le nom de *comètes*, mais ces astres ne peuvent pas former une nouvelle classe de corps célestes, car ils doivent être rangés dans la troisième catégorie, comme les planètes faisant partie du système solaire, avec la différence que, par l'excentricité de leur organisation physique, les comètes traversent le système solaire en tous sens, en croisant les cercles que parcourent les planètes autour du soleil.

DISSERTATION SUR LA NATURE DES CORPS CÉLESTES CONNUS SOUS LE NOM DE COMÈTES.

Les comètes doivent être des corps étrangers au système solaire, lesquels corps auraient été déposés par quelques systèmes voisins au système planétaire ; et voici sur quoi je fonde cette hypothèse.

Les planètes qui font partie du système solaire, telles que la Terre, Jupiter, Saturne, etc. exécutent leur révolution périodique autour du soleil en restant presqu'aux mêmes distances de cet astre, suivant leur densité ; elles se rapprochent et s'éloignent alternativement du globe solaire, mais d'une manière peu sensible ; elles ne croisent pas pour cela les cercles parcourus par d'autres planètes, comme font les comètes, car ces derniers astres extraordinaires, partant des régions extérieures du système solaire, s'avancent presque en ligne droite au centre dudit système.

Quelques-unes (mais c'est le petit nombre) passent entre la planète Jupiter et Mars, d'autres entre Mars et la Terre, d'autres entre la Terre et Vénus, d'autres entre Vénus et Mercure, d'autres entre Mercure et le Soleil, et il est même probable que quelques-unes sont tombées sur le soleil.

J'émets cette dernière opinion parce que, parmi les comètes qui ont croisé le système planétaire, il y en a qu'on n'a jamais revues, et cela peut venir de ce qu'elles auraient été poussées jusque sur le soleil, sur lequel elles seraient restées.

Parmi les comètes il y en a beaucoup qui se sont fixées dans le système solaire d'une manière à y rester éternellement, et exécutent des révolutions périodiques en se portant alternativement du centre du système planétaire à l'extérieur, et de l'extérieur au centre.

D'après ma manière de voir, les comètes qui se sont fixées dans le système solaire doivent décrire des hyperboles plus ou moins allongées, lesquelles hyperboles se rétrécissent à mesure que les comètes s'éloignent du soleil, et s'élargissent quand elles s'en approchent.

Je fonde ce raisonnement sur ce que les comètes doivent être soumises aux mêmes lois physiques des planètes étant sous l'influence du même moteur, et il en résulterait que, semblables aux planètes, les aires que décrivent les rayons vecteurs des comètes en un temps quelconque resteraient proportionnelles au temps employé à les décrire.

Les deux courbes hyperboliques que décrivent les comètes autour du soleil doivent se fermer quand lesdites comètes atteignent leur plus grand éloignement et leur plus grand rapprochement du soleil, absolument comme se ferment les deux courbes hyperboliques que décrivent les planètes autour du globe solaire.

Lorsqu'une comète se trouve à la même distance d'une planète quelconque, la vitesse de sa marche circulaire autour du globe solaire doit être égale à celle de la planète ; lorsque la comète est plus éloignée, la vitesse de cette même marche doit être moindre, et, lorsqu'elle est plus rapprochée du soleil, la vitesse de la marche circulaire de la comète doit être plus accélérée que celle de la planète.

On a la preuve de cela en voyant que lorsqu'une comète commence à être aperçue dans les régions lointaines du système solaire par rapport à la terre, ses déplacements circulaires autour du soleil sont imperceptibles ; ils ne s'affectuent que très-lentement, tandis que lorsqu'une comète s'approche des planètes qui avoisinent le centre du système solaire, telles que les planètes Mars, la Terre, Vénus et Mercure, les déplacements circulaires des comètes, dans ces derniers cas, deviennent de plus en plus considérables, et ces mêmes déplacements s'effectuent avec une rapidité extraordinaire lorsque les comètes se trouvent plus rapprochées du Soleil que la planète Mercure.

L'histoire astronomique raconte qu'au moment de son plus grand rapprochement du soleil, la comète qui parut en 1680 parcourait 293 mille lieues à l'heure autour du soleil, ce qui ferait sept fois la vitesse de la planète Mercure ; et cela aurait eu lieu ainsi parce que, dans cette circonstance, ladite comète aurait été bien plus rapprochée du globe solaire que la planète Mercure.

Il est donc à peu près certain que les vitesses des mouvements circulaires des comètes autour du soleil sont égales à celles des planètes quand elles se trouvent aux mêmes distances du globe solaire ; mais les comètes ne conservant pas, comme les planètes, les mêmes distances du soleil, ou à peu près, pendant un de leur parcours autour de cet astre, il s'ensuit que la vitesse du mouvement circulaire des comètes varie beaucoup plus que la vitesse du même mouvement des planètes.

Par les longueurs de temps que les comètes emploient pour effectuer une de leurs révolutions autour du soleil il s'ensuit qu'aux regards des hommes elles semblent circuler dans tous les sens, tandis qu'en réalité les mouvements circulaires des comètes ne doivent avoir lieu que dans un sens qui doit être le même que celui du parcours des planètes, étant les unes comme les autres sollicitées par le même moteur, qui est le soleil.

Ce qui fait varier à nos regards le sens dans lequel circulent les comètes autour du soleil, c'est que, pendant que ces astres extraordinaires (que les hommes perdent de vue) passent de leur périgée à leur apogée par rapport au soleil, et avant qu'ils se représentent aux regards des habitants de la terre, le globe terrrestre effectue plusieurs révolutions de translation dans le système solaire.

Il résulte de ce fait que lorsqu'une comète (la même ou une autre) se présente à nos regards, le sens de sa circulation dans le ciel peut être dénaturé suivant la position qu'elle occupe dans le système solaire au moment de son apparition.

Si, partant des régions extérieures du système solaire, une comète s'avançait dans le ciel, du nord au midi, je suppose, en s'approchant du soleil, son parcours figurerait en sens opposé de celui qu'elle parcourrait en s'avançant du midi au nord, parce que ce dernier parcours se trouverait renversé par rapport à la sphère céleste.

EXPLICATION SUR CE QUI A FAIT CROIRE QUE LE SOLEIL N'EST PAS UN ASTRE DE PREMIÈRE CLASSE.

Ce qui a fait supposer que notre soleil ne doit pas être un astre de la même catégorie que les grandes étoiles fixes, c'est parce qu'on a reconnu que le disque du soleil cesserait d'être aperçu à l'œil nu si on l'observait d'une distance cent mille fois moins grande que celle qui nous sépare de la plus rapprochée des étoiles fixes.

On a eu cette opinion en voyant qu'en quel endroit que se trouve la terre dans le courant d'une année, qu'elle soit en conjonction ou en opposition par rapport à une étoile fixe quelconque, ce qui fait une énorme différence de distance, cette différence de distance n'a aucune influence aux regards des hommes, qui ne voient cette même étoile ni plus grosse, ni plus radieuse.

Par une simple opération géométrique à l'égard de l'étoile polaire, on reconnait les distances incalculables qui doivent séparer les étoiles du système solaire, ainsi que les grandeurs extraordinaires que doivent avoir les disques de ces étoiles.

Que l'on observe l'étoile polaire en mars ou en septembre (ce qui fait un déplacement à la terre d'environ 70 millions de lieues), on voit toujours cette étoile en ligne directe avec l'axe de la terre.

Cela prouve que, pour un observateur placé sur ladite

étoile polaire, l'hyperbole que parcourt le globe terrestre autour du soleil en une année n'occuperait pas dans l'espace un millimètre d'étendue, quoiqu'ayant un diamètre d'environ 70 millions de lieues.

Cela démontre également que le disque de l'étoile polaire serait beaucoup trop large pour passer entre le soleil et la terre, tout comme le disque du globe solaire serait beaucoup trop gros pour passer entre la terre et la lune.

Ce que je viens d'expliquer au sujet de la nature des comètes, ainsi que le rang que doit occuper le soleil parmi les corps célestes, ne sont que des conjectures plus ou moins vraisemblables ; mais je devais donner ces explications pour éviter la confusion au sujet des places respectives que doivent occuper les corps célestes dont les puissances sont superposées.

Que les comètes fassent partie du système solaire depuis fort longtemps, ou qu'elles soient nouvellement entrées dans ce dernier système, elles ne peuvent pas former une nouvelle classe de corps célestes ; elles doivent, ainsi que je l'ai déjà dit, être rangées parmi les planètes ; comme aussi, que le soleil soit un astre de la même catégorie que les étoiles fixes, ou qu'il ne soit qu'un astre de deuxième classe, cela ne change rien à la manière dont agissent les forces des corps particuliers, ainsi que celles de l'ensemble de la matière. Seulement, si le soleil pouvait être classé parmi les étoiles fixes, il n'y aurait de connues que trois puissances superposées, tandis que si (comme toutes les apparences le font prévoir) le globe solaire ne doit figurer dans le firmament que comme un astre de deuxième classe, il y a quatre puissances superposées parmi les corps célestes connus des hommes. Mais, je le répète, cela ne change absolument rien à la loi physique de la matière.

Cette loi est : que tous les corps terrestres et célestes, grands et petits, possèdent plus ou moins (suivant leur organisation physique) une puissance centrifuge qui tend à leur faire occuper le plus de place possible dans l'espace, et l'ensemble de la matière tend constamment, par réaction, à diminuer ou comprimer le développement que tendent à prendre les corps particuliers.

INDICATIONS DES POSITIONS QU'OCCUPENT LES CORPS
CÉLESTES LES UNS PAR RAPPORT AUX AUTRES.

En admettant (ce qui est fort probable) que le soleil n'est qu'un astre de deuxième ordre, et que les corps célestes forment quatre classes différentes, dont les étoiles fixes sont de la première, il s'ensuit :

1° Que les satellites, ou lunes des planètes, sont appuyés sur les forces centrifuges ou expansives de leurs planètes supérieures.

2° Que les planètes supérieures, ainsi que tout ce qui fait partie de leur système (1), sont appuyées sur les forces centrifuges des soleils.

3° Que les forces centrifuges des soleils (semblables à celui qui occupe le centre du système planétaire dont la terre fait partie) sont appuyées sur les forces centrifuges des grandes étoiles, qui seraient elles-mêmes les véritables soleils.

4° Et enfin, que les forces centrifuges expansives et impulsives des grandes étoiles fixes sont appuyées les unes contre les autres.

------

(1) Ce qui fait partie du système d'une planète, ou de n'importe quel corps céleste, c'est leur atmosphère, ainsi que leurs satellites, ceux qui en ont.

Par ces explications on comprend comment les grandes étoiles fixes forment la base fondamentale du grand édifice de la nature, qui, aux regards des hommes, n'a ni fin, ni commencement, et dont le centre est partout.

De prime abord on trouvera peut-être extraordinaire que la force centrifuge des grandes étoiles fixes puisse tenir à d'aussi grandes distances des globes immenses, tels que le soleil et tout ce qui fait partie de son système; mais en pensant à ce qui se passe sur la terre, en réfléchissant aux effets de la poudre, de la vapeur, de l'électricité, etc., etc., on comprendra qu'il n'est pas étonnant que la force centrifuge d'un corps incandescent ayant un diamètre de plus de cent millions de lieues (1) soit de nature à tenir à l'écart des grands corps célestes, quand on voit qu'un peu d'eau en ébullition, ou l'inflamation de quelques grains de poudre suffisent pour faire éclater des corps solides, et lancer des projectiles à de grandes distances par des vitesses extraordinaires, et, surtout, quand on considère la vitesse avec laquelle l'électricité franchit les distances.

Que notre soleil soit arc-bouté contre des étoiles qui lui sont supérieures, ou qu'il soit lui-même une étoile fixe arc-boutée contre des corps célestes de sa même nature,

---

(1) Il est analogiquement démontré par la science que le disque des grandes étoiles fixes peut avoir plus de cent millions de lieues de diamètre.

cela ne change absolument rien au sens de la gravitation des planètes par rapport au globe solaire, ni à celui des satellites ou lunes par rapport aux planètes.

Ainsi donc, sans s'inquiéter du nombre des étoiles fixes, ni de l'étendue d'espace qu'elles occupent, les hommes sont persuadés qu'il y en a assez autour du soleil pour tenir son système arc-bouté de toutes parts, et ils peuvent se rendre compte comment les corps particuliers tendent généralement à prendre le plus de développement possible dans l'espace par leur force centrifuge, et aussi comment l'ensemble de la matière, agissant par réaction, tend constamment à diminuer ou comprimer le développement que tendent à prendre dans l'espace les corps particuliers.

Je conclus donc que les corps disséminés dans l'espace représentent une grande réunion dans un lieu quelconque, où chaque individu tend à se faire le plus de place possible par sa force centrifuge, et se trouve comprimé par la foule.

DISSERTATION SUR LES MOUVEMENTS DES SYSTÈMES INFÉRIEURS AUTOUR DE LEUR SUPÉRIEUR.

Les systèmes inférieurs circulent en masse autour de leur supérieur comme un seul corps, en emportant avec eux tout ce qui fait partie de leur système; comme, par exemple, les planètes Saturne, Jupiter, la Terre, etc., etc. Toutes les planètes qui font partie du système solaire circulent autour du soleil en emportant avec elles leur satellites, celles qui en ont.

Dans les cas où, comme il est fort probable, il circule autour des étoiles de première classe des quantités de systèmes semblables au système solaire, dont la terre fait partie, ces grands centres de gravité de deuxième classe circuleraient autour de leur supérieur en emportant avec eux tout ce qui fait partie de leur système, et ils effectueraient des révolutions périodiques en plus ou moins de temps, selon leur distance de l'étoile fixe autour de laquelle ils circuleraient mutuellement.

Cela expliquerait pourquoi, à certaines époques, on a vu des étoiles apparaître et disparaître en quelque temps. Ces étoiles passagères pourraient être des centres de deuxième classe semblables à notre soleil, et qui circuleraient autour de la même étoile fixe.

En étant voisins à notre système solaire, et plus ou moins éloignés de l'étoile fixe que le soleil, il s'ensuivrait que ces centres de systèmes pourraient être aperçus par les habitants de la terre lorsqu'ils croiseraient le système planétaire en circulant plus ou moins vite que le soleil autour du centre commun.

Le mouvement de translation de l'ensemble du système solaire autour d'une étoile qui serait supérieure au soleil est une hypothèse à l'égard de laquelle on pourra être fixé par la suite des temps lorsqu'on saura positivement si le globe solaire ne peut figurer que comme un astre de deuxième classe; mais ce qui est bien certain, c'est que la vitesse du mouvement circulaire d'un corps céleste inférieur augmente dans certaines proportions par son rapprochement du corps supérieur autour duquel il circule.

Par la même raison que la vitesse du mouvement circulaire d'un corps céleste de classe inférieure augmente par son rapprochement du corps supérieur autour duquel il circule, il s'ensuit naturellement que cette même vitesse diminue à mesure que ces mêmes corps inférieurs se trouvent à de plus grandes distances du corps supérieur qui est à la fois son moteur et son point d'appui.

Je me suis rendu compte de cela en comparant les distances des planètes au soleil, ainsi que les vitesses de leur mouvement circulaire autour de cet astre.

Par des comparaisons faites sur toutes les planètes j'ai reconnu des accords parfaits qui ne peuvent pas être révoqués en doute, ni être mis sur le compte du hasard parce que, dans ce cas, ces accords n'existeraient pas sur toutes les planètes qui font partie du système solaire.

En me basant sur les distances et les vitesses des mouvements des planètes reconnus par la science astronomique, j'ai trouvé que le carré du rapprochement d'une planète au soleil occasionne la racine carrée de l'augmentation de la vitesse de son mouvement circulaire autour de cet astre, tout comme le carré de l'éloignement d'une planète au soleil occasionne la racine carrée de la diminution de vitesse de ce même mouvement.

J'ai également reconnu que les racines carrées des distances des planètes au soleil représentent les mêmes nombres que les racines cubiques des temps ; et de ce dernier fait il résulte que les carrés des distances des planètes au soleil occasionnent les cubes des temps de leurs révolutions périodiques autour de cet astre.

Par ces diverses combinaisons, je me suis matériellement rendu compte des véritables causes des trois lois de Képler, et j'ai vu que ces causes ne sont pas du tout celles que leur a attribuées Newton.

Cette fausse attribution Newtonienne a été cause que des trésors d'érudition, tels que monsieur De Lalande, François Arago et autres, ayant été éblouis par un brillant système appuyé sur des principes imaginaires, cela les a empêchés d'apercevoir les véritables causes des faits astronomiques qui laissent des traces à la surface de la terre, lesquelles traces on peut voir et toucher.

Ainsi que je l'ai dit dans ma dernière brochure, loin de moi la pensée de faire douter des talents des astronomes qui expliquent les causes des flux et reflux des mers comme on leur a appris ; au contraire, je considère les observateurs du ciel comme étant des hommes supérieurs, doués de rares facultés ; mais, malheureusement pour le progrès des sciences, ces grands génies ont été et sont encore stérilisés par la fausse voie qu'ils suivent, et, ainsi que je l'ai déja dit, les empêche de voir celle dans laquelle ils pourraient entrer et mettre leurs grands talents à profit.

INDICATION DE L'ORIGINE DE LA FORMULE NEWTONIENNE.

Pour qu'on soit fixé à l'égard du système d'attraction, je vais indiquer succinctement par quelle fatalité un des plus grands génies de son siècle fit dévier les penseurs de la voie qu'ils auraient pu suivre pour découvrir la vérité, et on jugera.

Lorsque la chute d'une pomme fit imaginer à Newton une force attractive universelle, par laquelle les corps s'attireraient mutuellement, et de préférence les plus gros attireraient les petits, le célèbre mathématicien anglais ne tarda pas à s'apercevoir que cette puissance d'attraction réunirait toutes les planètes au soleil et ne formerait plus qu'une seule masse.

Pour remédier à cet inconvénient, Newton imagina aux planètes une force de projection qui tendrait à leur faire suivre une ligne droite, et que cette ligne serait déviée par l'attraction du soleil qui ferait décrire des curvilignes aux planètes.

Par une méthode très-ingénieuse, qui séduisit tous les astronomes, Newton combina la valeur nécessaire à la force de projection qu'il avait imaginée aux planètes pour contre-balancer la puissance attractive du soleil, et faire concorder les causes avec les faits astronomiques reconnus par la science.

En lisant les ouvrages écrits sur la science astronomique , tels que l'*Abrégé d'astronomie* de M. De Lalande, *les Leçons* de François Arago , etc., etc., en lisant ces ouvrages, dis-je, on voit que, pour expliquer les mouvements des planètes autour du soleil, comme l'a observé et publié l'illustre Képler, les Newtoniens, disciples du grand calculateur anglais, admettent aux planètes une force de projection double pour contre-balancer une force attractive quadruple; et c'est cette formule Newtonienne qui sert de base dans toutes les écoles pour enseigner l'astronomie.

Il est facile de comprendre que, dans le cas où il eût fallu à l'une ou à l'autre de ces deux forces imaginaires une puissance plus ou moins grande pour expliquer les lignes que décrivent les planètes autour du soleil d'après sa manière de voir, il eût été facile au grand géomètre anglais de combiner les proportions voulues entre ces deux forces.

Tout cela ne prouve pas que cette méthode (tant sublime soit-elle) soit l'expression de la vérité, surtout en voyant, à la surface de la terre, que la puissance attractive *n'existe pas.*

Je dis, en voyant à la surface de la terre, parce que les perturbations qui ont lieu sur les mers sont dues aux influences de la lune et du soleil; et il est facile de reconnaître (en observant les mouvements des marées) que ces déplacements d'eaux sont les conséquences des pressions lunaires et solaires des deux côtés de la terre à la fois, et non de l'attraction.

Ma découverte de la véritable cause des flux et reflux des mers par les influences de la lune et du soleil démontrant matériellement, à la surface de la terre, quel est le véritable sens de gravitation du globe lunaire par rapport au globe terrestre, qui est son point d'appui, j'espérais, en publiant cette découverte, que les hommes compétents me viendraient en aide pour l'achèvement de cette œuvre.

J'avais cet espoir et je l'ai encore, parce que mes découvertes ne peuvent qu'être profitables à l'humanité par les avantages qu'elles offrent pour la sécurité de la navigation et par le pas immense qu'elles feront faire à la science astronomique restée à peu près stationnaire depuis environ deux siècles.

Pour détruire les préjugés qui contribuent toujours pour beaucoup à empêcher à la vérité de se faire jour, même quand cette vérité représente des choses utiles à la société, je vais citer les trois faits astronomiques découverts et publiés par Képler ; je démontrerai ensuite les véritables raisons de ces faits, et on verra que ces causes ne sont pas celles que leur a attribuées Newton.

On doit espérer que les Newtoniens accepteront pour juge suprême les distances des planètes par rapport au soleil, tel que cela est reconnu par la science, ainsi que les faits astronomiques découverts par Képler, puisque ce sont les causes de ces derniers faits qu'ils prétendent démontrer par la formule Newtonienne, et que c'est le résultat de leurs observations qui indique les distances des planètes au soleil, et les temps qu'elles emploient pour effectuer leurs révolutions périodiques autour de ce dernier astre.

En 1618, Képler publiait :

1° Que les planètes décrivent des ellipses dont le soleil occupe le foyer commun.

2° Que les rayons vecteurs des planètes décrivent des aires proportionnelles aux temps employés à les décrire.

3° Que les carrés des temps des révolutions périodiques des planètes autour du soleil sont entre eux comme les cubes de leurs distances.

A cette époque, Képler avoua l'inutilité de ses efforts pour expliquer les raisons de ces trois faits, et il se borna à en constater l'existence.

En 1666, Newton, poussé par son ardente imagination et sa grande facilité pour les calculs, se laissa éblouir par les apparences, et l'autorité de son génie supérieur fit (ainsi que je l'ai déja dit) dévier les penseurs de la voie qu'ils auraient pu suivre pour découvrir la vérité.

Je sais qu'un système en contradiction avec une méthode enracinée comme celle de Newton, et soutenue par d'aussi grandes autorités, ne peut éviter de rencontrer des grandes résistances avant d'être admis, néanmoins, quelle que soit la témérité qu'on paraît avoir aux yeux de certaines personnes lorsqu'on fait une découverte, il est de son devoir de la faire connaître, surtout quand cette découverte ne peut être que profitable à l'humanité.

Si, malgré mes efforts pour répandre des connaissances qui ne peuvent que faire progresser la science et être utiles pour la sécurité de la navigation, je ne rencontrais que du mauvais vouloir d'une part, et de l'indifférence de l'autre, je n'aurai rien à me reprocher lorsque j'aurai fait tout ce qu'il m'était possible de faire pour remettre le char de la science astronomique dans la bonne voie.

Dans ce but, j'indiquerai ce qu'il y a d'erroné dans la première loi de Képler et je ferai connaître quelles sont les véritables causes de ses trois lois.

Par ces indications on verra que, même en admettant la loi physique de la matière, que Newton a imaginée et qui est contre nature, on verra, dis-je, qu'il est matériellement impossible d'expliquer logiquement les causes des faits astronomiques publiés par Képler par les principes établis par Newton et continués par ses successeurs.

En comparant les vitesses des mouvements des planètes autour du soleil, les unes par rapport aux autres, on voit que celles qui sont plus près du globe solaire circulent plus vite que celles qui en sont plus éloignées ; comme aussi on voit que celles qui sont à des plus grandes distances du soleil circulent plus lentement autour de cet astre que celles qui en sont plus rapprochées.

C'est en observant rigoureusement les distances et les vitesses des mouvements de toutes les planètes qui font partie du système solaire que je me suis aperçu de ce qu'il y a d'erroné dans la première loi de Képler, et que je me suis rendu compte des véritables causes des trois faits observés par l'illustre astronome allemand.

J'ai vu, et matériellement reconnu, que les lois de Képler sont la conséquence forcée du mouvement que le soleil communique aux planètes par sa force répulsive et impulsive, lequel mouvement augmente et diminue de vitesse à mesure que les planètes se trouvent plus ou moins près du globe solaire et dans les proportions indiquées page 30.

J'ai également compris que la puissance répulsive du soleil (qui tient les planètes à distance de son corps) se trouve contre-balancée par la force répulsive des corps célestes qui entourent le système solaire, laquelle force répulsive pousse constamment vers le soleil tous les corps qui font partie du système planétaire, soit les comètes, soit les planètes, et ces divers corps pénètrent plus ou moins au centre du système solaire suivant leur organisation physique.

En voyant à la surface de la terre quelle est la véritable cause des flux et reflux des mers, et en voyant les rapports qui existent entre les distances des planètes au soleil et les vitesses de leurs mouvements circulaires autour de cet astre, on est convaincu que non-seulement l'attraction est l'opposé de la loi physique de la matière , mais, de plus, on reconnait que la formule Newtonienne est complétement nulle pour expliquer les mouvements des corps célestes.

DISSERTATION SUR LES MOUVEMENTS DES PLANÈTES MARS ET LA TERRE.

Les planètes Mars et la Terre étant celles dont Képler s'est servi pour faire ses observations, c'est des parcours de ces deux dernières planètes dont je me servirai pour expliquer comment ont lieu les mouvements de translation des planètes autour du globe solaire par suite de leur inégalité de distances au soleil.

Dans l'*Abrégé d'astronomie* de monsieur De Lalande (page 204), où sont expliquées les observations faites par Képler pour indiquer les parcours des planètes autour du soleil, on voit qu'en se servant de la distance de la Terre pour point de comparaison Képler détermina que la distance de la planète Mars au soleil dans son aphélie et dans son périhélie était l'une de 16,678 parties, l'autre de 13,850, ce qui fait une différence de 2,828 sur 16,678 entre l'apogée et le périgée de la planète Mars.

Par ces proportions, on voit que, par l'excentricité de ces distances au soleil, la distance apogée de la planète Mars est un peu plus d'un sixième plus grande que la distance périgée, parce que le sixième de 16,678 n'est que de 2,779,65 centièmes, — et la différence de ces deux distances est de 2,828.

L'excentricité de distance de la terre au soleil est bien moins considérable que celle de la planète Mars, car dans le même livre de Monsieur De Lalande (page 205) et d'après les observations de ce grand astronome, lesquelles observations sont en rapport avec celles faites depuis par l'illustre François Arago, on voit que la distance de la terre au soleil, à son apogée, comparée avec celle de son périgée, on voit, dis-je, que ces deux distances sont 32 et 36 à l'aphélie, et 31 et 31 au périhélie.

Par ces proportions on voit qu'entre l'apogée et le périgée de la terre, la différence de distance n'est que de 1—05 sur 32 et 36, ce qui ne fait qu'un peu plus de la trente-unième partie de la distance aphélie, tandis que l'excentricité de distance de la planète Mars au Soleil équivaut à un peu plus de la sixième partie de la distance apogée.

Par ces différentes observations on voit que la distance de la terre autour du soleil a beaucoup moins de disproportion de longueur, dans ses rayons périgées et apogées, que la planète Mars, et on s'aperçoit déjà que ni l'un ni l'autre de ces deux parcours ne peuvent avoir la figure d'une ellipse, comme il est indiqué dans tous les ouvrages sur l'astronomie.

Les parcours que décrivent les planètes autour du soleil sont des hyperboles et non des ellipses, parce que dans la courbe des parcours des planètes le carré de l'ordonné est plus grand que le rectangle du paramètre par l'abscisse, tandis que dans l'ellipse il est plus petit.

DISSERTATION A L'ÉGARD DU PARCOURS DE LA PLANÈTE MARS AUTOUR DU SOLEIL.

L'excentricité des distances de la planète Mars au Soleil étant très-considérable, ce sera du parcours de cette dernière planète autour du globe solaire dont je me servirai pour indiquer matériellement, au moyen d'une échelle de proportion, quelles sont les véritables courbes que décrivent les planètes pendant leurs révolutions de translation autour du soleil.

Pour avoir les proportions des distances de la planète Mars au soleil, d'après les observations de Képler, j'établis l'apogée de cette dernière planète à 57 millions de lieues, et le périgée à 47 millions 500 mille lieues, ce qui constitue sa distance moyenne à 52 millions 250 mille lieues, comme il est reconnu par la science astronomique.

Les 9 millions, 500 mille lieues de différence entre l'aphélie et le périhélie font la sixième partie de la distance apogée de la planète Mars, conformément aux observations de Képler.

Ceci étant bien compris, pour représenter exactement le parcours de la planète Mars autour du Soleil, ainsi que les variations de ces distances et de ces vitesses, j'établirai une échelle de 500 mille lieues carrées par millimètre carré.

Au moyen de cette échelle je formerai deux figures

ayant absolument les mêmes surfaces, quoique n'ayant pas exactement les mêmes formes, et, pour distinguer ces deux figures l'une de l'autre, elles porteront les numéros 1 et 2.

La figure numéro 1 sera parfaitement circulaire ; elle représentera la moitié du parcours de la planète Mars autour du soleil en conservant la distance où cette planète se trouve en moyenne, c'est-à-dire à 52 millions 250 mille lieues du globe solaire.

Je diviserai ce dernier parcours en 11 parties égales, et chacune de ces parties formera un arc de cercle de 14 millions 915 mille lieues, parce que 11 fois 14 millions 915 mille lieues font les 164 millions 0,65 mille lieues dont se compose la moitié de la circonférence du parcours de la planète Mars autour du soleil.

Par cette division en 11 parties égales il s'ensuivra que, tous les 31 jours 227 millièmes de jour la planète Mars parcourra un arc de cercle de 14 millions 915 mille lieues, parce que 11 fois 31 jours 227 millièmes de jour font les 393 jours 50 centièmes de jour que la planète Mars emploie pour accomplir la moitié d'une de ses révolutions périodiques autour du soleil.

Par cette même division il s'ensuivra également que chaque surface ou aire que décriront les rayons vecteurs de la planète Mars en 31 jours 227 millièmes de jour seront de 389 trillions, 654 billions, 375 millions de lieues, représentées par 1,558 millimètres 6,175 dix millièmes de millimètre.

Il en sera ainsi parce que la géométrie élémentaire démontrant que la surface d'un triangle est égale à sa hauteur multipliée par la moitié de sa base, on trouve le nombre indiqué plus haut en multipliant les 52 millions 250 mille lieues par la moitié de 14 millions 915 mille lieues, qui est de 7 millions 457 mille 500 lieues.

Comme aussi en multipliant 104 millimètres 50 centièmes de millimètre par la moitié de 29 millimètres 83 centièmes de millimètre, qui est de 14 millimètres 915 millièmes de millimètre, on trouve 1,558 millimètres 6,175 dix millièmes de millimètre (1).

Avec ces connaissances on a une base certaine pour se rendre compte de la véritable courbe que décrit le parcours de la planète Mars autour du soleil d'après ses variations de distances, qui font varier la vitesse de son mouvement circulaire autour du soleil.

---

(1) D'après l'échelle de 500 milles lieues carrées par millimètre carré les 104 millimètres 50 centièmes de millimètre représentent les 52 millions 250 mille lieues de distance, et les 29 millimètres 83 centièmes de millimètre représentent les 14 millions 915 mille lieues de parcours.

DÉMONSTRATION DE CE QUI A FAIT DÉVIER LE CHAR DE LA SCIENCE ASTRONOMIQUE, ET INDICATION DU MOYEN A EMPLOYER POUR REMETTRE CE CHAR SUR LA BONNE VOIE.

Si l'infortuné Galilée avait pensé à tirer partie des découvertes de Képler, il lui aurait été plus facile de combattre ses redoutables et fanatiques adversaires, et il est présumable que la science astronomique n'aurait pas dévié de la voie qu'elle devait suivre pour progresser.

J'ai cette opinion parce que le savant Galilée aurait pu adopter ce qu'il y avait de positif dans les découvertes de Képler et en expliquer les véritables causes.

Dans ce cas, le char de l'astronomie n'aurait pas éprouvé la déviation qui a rendu stationnaires les progrès de cette science pendant plus de deux siècles, et on ne peut pas prévoir le temps que durerait encore ce stationnement si on n'abandonnait pas les principes établis par Newton, et qui ont causé cette déviation.

Pour remettre le char de la science astronomique sur sa bonne voie, en comptant toujours sur les hommes compétents pour l'accomplissement de cette œuvre, je vais reprendre cette science dans l'état où elle se trouvait en 1648, à l'époque des découvertes de Képler.

Pour indiquer la nécessité de faire rétrograder le char de la science astronomique pour le remettre sur sa bonne voie, je comparerai Newton au conducteur d'un train de chemin de fer qui, en arrivant à une bifurcation, prendrait la droite au lieu de prendre la gauche.

J'admettrai aussi que les lignes différentes après la bifurcation soient séparées par des montagnes comme les deux lignes du chemin de fer qui conduisent l'une à Valence et l'autre à Grenoble, en partant de la gare de Moirans (Isère).

Dans ce cas, lorsque le conducteur d'un train s'apercevrait ou à la gare de Tullins, ou à celle de Voreppe qu'il a pris la droite au lieu de prendre la gauche, ou cette dernière au lieu de prendre la droite, son plus court et plus sûr moyen, pour se remettre sur la bonne voie, serait de rétrograder jusqu'à la gare de Moirans.

C'est absolument la même chose à l'égard du célèbre astronome anglais, lequel ayant été ébloui par des apparences, a, par des savantes combinaisons, fait accepter des principes opposés à ceux qu'on devait suivre, et c'est en rétrogradant jusqu'où l'erreur a été commise qu'on peut plus facilement se remettre sur la bonne voie.

Ainsi donc, en rétrogradant jusqu'à l'année 1618, époque des découvertes de Képler, j'indiquerai quelles sont les véritables courbes que décrivent les planètes autour du soleil, en comparant le parcours de la figure numéro 2 avec celui de la figure numéro 1.

Je procèderai ainsi parce que par les deux figures numéro 1 et 2 représentant chacune un demi-parcours de la planète Mars autour du soleil, je démontrerai, d'une part, quelles sont les véritables causes des lois de Képler, et, d'autre part, cette démonstration prouvera péremptoirement que le parcours que décrit la planète Mars autour du soleil, ainsi que ceux que décrivent toutes les planètes qui font partie du système solaire, que ces parcours, dis-je, sont des hyperboles et non des ellipses, comme il est indiqué dans tous les ouvrages sur l'astronomie qui servent d'étude à cette science.

En astronomie, beaucoup de faits dépendent les uns des autres, et il suffit de bien comprendre les raisons primitives de ces faits pour se rendre ensuite compte des véritables causes de beaucoup d'autres, ainsi que des conséquences qui en découlent.

Comme aussi, il suffit de mal interpréter quelques faits astronomiques pour entrer dans une fausse voie et stériliser pendant longtemps les efforts des intelligences supérieures, et c'est ce qui a eu lieu par la formule Newtonienne.

C'est pour n'avoir pas bien compris les parcours que décrivent les planètes autour du soleil que Képler a cru voir des courbes elliptiques dans ces parcours, comme aussi c'est en donnant des fausses interprétations à certains faits astronomiques pour les faire concorder avec l'attraction, *qui n'existe pas*, que Newton s'est laissé éblouir par les apparences, et a fait engager le char de l'astronomie dans une voie opposée à celle qu'il devait suivre pour marcher au progrès.

Lorsque, par suite de ces fausses interprétations, la science astronomique a été engagée dans une fausse voie, les efforts du grand calculateur anglais et ceux de ses disciples ont été impuissants pour se rendre positivement compte des causes des moindres faits astronomiques, pas même de ceux qui se révèlent à la surface de la terre par les flux et reflux des mers.

Les différentes combinaisons imaginées par Newton et ses successeurs pour expliquer les mouvements des corps célestes, ces grandes combinaisons (quoi qu'étant l'œuvre des génies supérieurs) n'ont servi, jusqu'à ce jour, qu'à indiquer des puissances *qui n'existent que dans l'imagination,* et des parcours qui ne sont pas ceux que les planètes décrivent autour du soleil.

SUITE DE LA DISSERTATION A L'ÉGARD DU PARCOURS DE LA PLANÈTE MARS AUTOUR DU GLOBE SOLAIRE.

Ainsi que je l'ai démontré (page 42 et autres), la figure numéro 1 a une forme parfaitement circulaire parce qu'elle représente le demi-parcours de la planète Mars autour du soleil, en conservant sa distance moyenne de ce dernier astre, c'est-à-dire de 52 millions 250 mille lieues.

Il n'en est pas de même de la figure numéro 2 représentant le demi-parcours de la planète Mars autour du soleil. Conformément aux observations de Képler, cette dernière figure numéro 2 ne conserve pas une rondeur parfaite comme la figure numéro 1, parce que, à mesure que la distance de la planète Mars envers le soleil augmente ou diminue, ses rayons vecteurs qui la lient au globe solaire s'allongent ou se racourcissent.

Le rayon vecteur 0 représente l'apogée de la planète Mars, et celui portant le numéro 11 représente le périgée.

En allant de 0 à 11, ladite planète Mars va en se rapprochant du soleil, et en allant du numéro 11 à 0, elle va en s'en éloignant.

A mesure que la planète Mars passe vers les endroits qui partagent l'excentricité de ses variations de distance au soleil, elle se trouve à ses distances moyennes de 52 millions 250 mille lieues.

D'après les observations de Képler, la planète Mars étant d'un sixième plus éloignée du soleil à son aphélie qu'à son périhélie, elle se porte alternativement de 57 millions de lieues apogée à 47 millions 500 mille lieues périgée, et il s'ensuit naturellement qu'elle passe par 52 millions 250 mille lieues à ses distances moyennes du soleil, soit en s'éloignant, soit en se rapprochant de ce dernier astre.

Ainsi donc, la figure numéro 2 représente la même surface de celle numéro 1, mais elle ne conserve pas, comme cette dernière, une rondeur parfaite parce que les distances de la planète Mars au soleil étant inégales pendant son parcours autour de cet astre, ses rayons vecteurs se trouvent inégaux, et cela explique la première loi de Képler.

Le célèbre astronome allemand a cru voir des ellipses dans les parcours des planètes autour du soleil à cause de leurs inégalités de distance , mais en voyant les proportions du parcours de la planète Mars, représentée par la figure numéro 2 (qui est identique avec les observations de Képler), on reconnait bien vite que ces inégalités de distances ne peuvent pas faire prendre une forme elliptique aux parcours des planètes autour du soleil.

Par la figure numéro 2 (qui est absolument conforme au parcours de la planète Mars) on voit que la courbe que décrit cette dernière planète est une hyperbole, comme sont les courbes que décrivent toutes les planètes qui font partie du système solaire.

La première loi de Képler est en contradiction avec sa deuxième parce qu'au moyen d'une courbe elliptique il est matériellement impossible d'obtenir des aires ou surfaces égales décrites en des temps égaux par les rayons vecteurs d'une planète dont les distances au soleil sont inégales.

De deux choses l'une : ou la première loi de Képler est en défaut, ou c'est la deuxième; et comme la deuxième loi de Képler, des aires proportionnelles aux temps, s'accorde parfaitement avec les augmentations et diminutions de vitesse du mouvement circulaire des planètes, dans les proportions de leur rapprochement et éloignement du soleil, il est certain que c'est la première loi de Képler qui est en défaut (1) et non la deuxième.

La deuxième loi de Képler, comme la troisième, dépendent des augmentations et diminutions de vitesse des mouvements circulaires des planètes autour du soleil dans les proportions de leur rapprochement et éloigne-

---

(1) Le défaut de la première loi de Képler pouvait bien occasionner une petite entrave à la marche de l'astronomie, mais cette petite entrave n'est presque rien en comparaison des fausses interprétations que Newton a données à certains faits, lesquelles fausses interprétations ont littéralement fait prendre à la science astronomique une voie opposée à celle qu'elle devait suivre pour progresser.

ment de cet astre pendant leurs révolutions de translation autour du globe solaire, qui est leur moteur et leur point d'appui.

Les aires proportionnelles aux temps ont lieu avec une exactitude tellement rigoureuse que cette deuxième loi de Képler peut servir de pierre de touche pour vérifier quelles sont les véritables courbes que décrivent les planètes par leur parcours autour du soleil.

C'est précisément ce que je ferai au moyen de la figure numéro 2, qui représente le demi-parcours de la planète Mars, conformément aux observations de Képler; mais avant de continuer cette opération, et afin d'être mieux compris, je vais indiquer comment les carrés des temps des révolutions périodiques autour du soleil se trouvent entre eux comme les cubes de leurs distances.

DISSERTATION SUR LA TROISIÈME LOI DE KÉPLER.

La troisième loi de Képler ne dépend d'aucun changement de vitesse dans le mouvement circulaire des planètes autour du soleil ; cette troisième loi tient son origine des positions respectives qu'occupent les planètes dans le système solaire.

C'est donc à tort que Newton et ses successeurs se sont appuyés sur les rapports qui existent entre les carrés des temps des révolutions périodiques des planètes autour du soleil et les cubes de leurs distances pour indiquer différentes puissances.

La troisième loi de Képler ne peut dépendre d'aucun changement dans les vitesses des mouvements des planètes, car cette troisième loi n'est même pas un fait astronomique ; elle n'est que la conséquence de ce que les carrés des distances des planètes au soleil occasionnent les cubes des temps de leurs révolutions périodiques autour de cet astre ; et ce dernier fait dépend de ce que les racines carrées des distances des planètes au soleil représentent les mêmes nombres que les racines cubiques des temps.

Exemple :

La planète Neptune est 36 fois plus éloignée du soleil que la terre, et elle emploie 216 ans pour accomplir sa révolution de translation autour du soleil, ce qui fait 216 fois le temps qu'il faut à la terre pour faire cette même révolution.

En extrayant la racine carrée de 36, on trouve le nombre 6, et en extrayant la racine cubique de 216, on trouve également le nombre 6.

En renouvelant cette même opération sur la planète Saturne, qui est 13 fois 17 centièmes de fois plus éloignée du soleil que la planète Vénus et emploie 47 fois 83 centièmes de fois le temps qu'emploie Vénus pour faire sa révolution de translation autour du soleil, on voit qu'en extrayant la racine carrée de 13 et 17 centièmes on trouve le nombre de 3 et 63 centièmes, et en extrayant la racine cubique de 47 et 83 centièmes on trouve également le nombre de 3 et 63 centièmes.

En faisant cette même opération sur toutes les planètes qui font partie du système solaire on obtiendrait absolument ce même résultat, car la planète Jupiter est 5 fois 20 centièmes de fois plus éloignée du soleil que la terre, et il lui faut 11 fois 86 centièmes de fois le temps qu'emploie le globe terrestre pour accomplir une de ses révolutions périodiques autour du soleil.

En extrayant la racine carrée de 5 et 20 centièmes on obtient le nombre 2—28, et en extrayant la racine cubique de 11 et 86 centièmes on trouve également le nombre 2—28.

Par cette concordance, qui est la même sur toutes les planètes qui font partie du système solaire (les plus éloi-

gnées comme les plus rapprochées du soleil), on reconnaît bien vite que la troisième loi de Képler ne dépend
d'aucun changement de vitesse dans le mouvement circulaire des planètes ; on voit matériellement que c'est en
pure perte, et par là plus grande bévue qu'il soit possible
de faire, que les Newtoniens s'appuyent sur cette troisième loi pour expliquer différentes puissances.

Pour connaître positivement la véritable cause pour
laquelle les carrés des temps des révolutions périodiques
des planètes autour du soleil sont entre eux comme les
cubes de leurs distances (*troisième loi de Képler*) il faut
commencer par se rendre compte pourquoi les carrés
des distances des planètes au soleil occasionnent les cubes
des temps.

Il faut procéder ainsi parce que l'occasionnellement
des cubes des temps des révolutions périodiques des planètes autour du soleil par les carrés de leur distance de
cet astre est le fait astronomique, tandis que (ainsi que
je l'ai déjà dit) la troisième loi de Képler n'est que la
conséquence de ce dernier fait.

Ainsi donc, pour se rendre compte pourquoi les carrés
des distances des planètes occasionnent les cubes des
temps, il faut faire la part de ce qu'une planète plus
éloignée du soleil qu'une autre planète éprouve un ralentissement dans la vitesse de sa marche circulaire, qu'il
faut multiplier par la racine carrée de sa distance ; il
faut ensuite faire une nouvelle multiplication du pro-

duit trouvé pour avoir le temps de la révolution périodique, parce que le parcours de la planète plus éloignée du
soleil étant autant de fois plus grand que ladite planète
est de fois plus éloignée, cela nécessite deux multiplications, dont l'une pour le ralentissement de la vitesse de
la marche de la planète, et l'autre pour la prolongation
du parcours.

Après cette opération, pour avoir le carré des temps,
on multiplie une seule fois l'un par l'autre le produit
desdits temps, qui est le résultat de deux multiplications
par la racine carrée des distances, et on trouve naturellement le même nombre qu'en multipliant deux fois l'un
par l'autre le produit de la distance, qui n'est le résultat
que d'une seule multiplication par la même racine
carrée.

Exemple :

La planète Mars est 4 fois plus éloignée du soleil que
la planète Mercure, et, par cette raison, la planète Mars a
4 fois autant de chemin à parcourir que la planète Mercure pour accomplir sa révolution de translation autour
du soleil.

En multipliant l'une par l'autre la racine carrée de 4,
qui est 2, on obtient le nombre 4, qui représente le carré
de la distance de la planète au soleil, et en multipliant
une nouvelle fois le nombre 4 par la racine carrée 2 on
obtient le nombre 8, qui représente le cube du temps.

Après cette opération, si on multiplie l'un par l'autre le produit du temps, qui est 8, pour en avoir le carré, on obtient le nombre 64, parce que 8 fois 8 font 64, et en multipliant deux fois l'un par l'autre le produit de la distance, qui est 4, pour en avoir le cube, on obtient également 64, parce que 4 fois 4 font 16 et 4 fois 16 font 64.

Voilà, je crois, assez des explications pour faire comprendre que la troisième loi de Képler ne dépend pas des raisons que lui ont attribuées Newton et ses successeurs.

Maintenant, je vais continuer mes démonstrations au sujet des aires proportionnelles aux temps.

DISSERTATION SUR LA DEUXIÈME LOI DE KÉPLER.

Pour se rendre compte comment s'effectue la proportionalité des surfaces décrites en des temps égaux par les rayons vecteurs des planètes, malgré leur inégalité de distance au soleil, il faut chercher l'inconnu par le connu au moyen d'une triangulation établie dans le demi-parcours d'une planète autour du soleil, comme je l'ai fait par le demi-parcours de la planète Mars.

Pour faire cette opération on divise en deux parties égales la circonférence du parcours d'une planète quelconque, et avec la moitié de cette circonférence on forme la moitié d'un cercle parfaitement circulaire au moyen d'une longueur égale dans les rayons vecteurs qui lient ladite planète au soleil.

Ces rayons vecteurs représentent la distance moyenne de la planète au soleil, sans aucune inégalité, et les distances qui existent sur le cercle parcouru entre ces rayons vecteurs forment les bases des triangles, dont les sommets aboutissent au soleil, foyer commun des planètes.

On divise ce demi-cercle en autant de parties égales qu'on le désire, en faisant concorder cette division avec une division de temps également égaux, et l'ensemble de ces temps égaux doit concorder avec celui qu'emploie la planète pour accomplir la moitié de sa révolution de translation autour du soleil.

Par ces deux divisions, conformément à celles que j'ai faites par la figure n° 1, on obtient un nombre quelconque de triangles décrits par les rayons vecteurs de la planète en des temps égaux, et dont les surfaces sont toutes égales.

Pour connaître les surfaces de chacun de ces triangles, on procède suivant les règles de la géométrie, qui démontrent que la surface d'un triangle est égale à sa base, multipliée par la moitié de sa hauteur.

En procédant ainsi, on a (comme je l'ai eu dans mes opérations, pages 42 et 43) la connaissance des surfaces décrites en des temps égaux, soit par les rayons vecteurs de la planète dans le ciel, soit par la figure formée sur le papier au moyen d'une échelle de proportion.

Avec ces connaissances, on a (comme je l'ai dit page 43) une base certaine pour connaître quelle est la véritable courbe que décrivent les planètes par suite des variations de leurs distances, qui font varier les vitesses de leurs mouvements circulaires autour du soleil.

Ces connaissances servent aussi pour se rendre compte si les aires ou surfaces que décrivent les rayons vecteurs des planètes restent proportionnelles au temps employé à les décrire, malgré leur inégalité de distance au soleil pendant leur révolution de translation.

Pour avoir l'inconnu par le connu, on divise en deux

parties égales l'inégalité des distances de la planète afin de connaître ses distances apogées et périgées, comme j'ai fait à l'égard de la planète Mars; on fixe ensuite la grandeur du rayon vecteur de la planète à son aphélie pour le commencement du demi-parcours, lequel demi-parcours se termine au périhélie quand ladite planète a passé d'un apside à l'autre (1).

On peut également fixer le commencement du demi-parcours de la planète par le rayon vecteur périhélie pour se terminer à l'aphélie, attendu qu'on peut aussi bien combiner comment se déforment les triangles que décrivent les rayons vecteurs des planètes pendant leur passage de leur périgée à leur apogée, que pendant celui de leur aphélie à leur périhélie.

Les combinaisons à faire sont absolument les mêmes, avec la différence qu'en passant de son apogée à son périgée, la grandeur des rayons vecteurs qui lient la planète au soleil diminuent, et la vitesse du mouvement circulaire de ladite planète augmente, tandis qu'en passant de son périhélie à son aphélie, c'est le contraire qui a lieu : la grandeur des rayons vecteurs augmente et la vitesse du mouvement de la planète diminue.

Quand on connait la différence qui existe entre la distance apogée et la distance périgée d'une planète au

---

(1) Apside. Grand axe qui indique les extrémités du mouvement oscillatoire des planètes.

soleil, on divise cette différence en autant de fractions égales qu'on veut former des triangles pendant le passage d'une planète d'un apside à l'autre, comme j'ai fait à l'égard du demi-parcours de la planète Mars autour du soleil.

Après cette division, on ajoute ou retranche le produit de chaque fraction à la longueur des rayons vecteurs qui se forment par suite du mouvement circulaire de la planète à mesure qu'elle se rapproche ou s'éloigne du soleil par son mouvement oscillatoire.

Par cette formule, si on voulait se rendre compte de la formation des triangles à surfaces égales décrites en des temps égaux par les rayons vecteurs de la terre, pendant un de ses passages de son apogée à son périgée, ou de son périhélie à son aphélie, il faudrait diviser par autant de fractions égales qu'on formerait des triangles la 31me partie que la distance apogée de la terre a de plus grande que sa distance périgée.

On ferait, dans ce cas, ce que je ferai moi-même à l'égard de la 6me partie que la planète Mars a de plus de distance à son aphélie qu'à son périhélie.

Chaque fraction prise sur la 31me partie de distance supérieure à l'apogée de la terre serait ajoutée ou retranchée à la longueur de ses rayons vecteurs, qui se forment par suite de son mouvement oscillatoire à mesure qu'elle s'éloigne ou se rapproche du soleil.

Ainsi que je l'ai expliqué (page 40), c'est par les observations faites par M. De Lalande, et, ensuite, par l'illustre directeur de l'Observatoire de Paris, François Arago, qu'il a été reconnu que la distance aphélie de la Terre est un 31me plus grande que sa distance périhélie, et c'est par les observations de Képler qu'il a été reconnu que la distance apogée de la planète Mars est d'un 6me plus grande que sa distance périgée.

Ainsi que je l'ai dit (page 41), l'excentricité de la distance de la planète Mars étant très-considérable, c'est du parcours de cette dernière planète dont je me sers, de préférence, pour démontrer quelles sont les véritables courbes que décrivent les planètes autour du soleil par suite de leur inégalité de distance de cet astre.

Ainsi que je l'ai déjà expliqué (pages 48 et autres), la figure n° 2 représentant le demi-parcours de la planète Mars autour du Soleil, conformément aux observations de Kléper, il s'ensuit que cette dernière figure n° 2 ne conserve pas une parfaite rondeur comme la figure n° 1, parce que, à mesure que la distance de la planète Mars au Soleil augmente ou diminue, ses rayons vecteurs s'allongent ou se raccourcissent.

J'ai divisé ce demi-parcours en onze parties égales, comme celui de la figure n° 1, et cette division est indiquée par douze rayons vecteurs, dont le plus grand, portant 0, représente la position de la planète Mars, apogée, et le plus petit, portant le n° 11, représente le périgée de ladite planète.

J'ai indiqué les grandeurs des rayons vecteurs de la planète Mars, à ses apogées et périgées d'après ses inégalités de distances observées par Képler, et j'ai expliqué comment ladite planète Mars passe alternativement par ces distances moyennes de 52 millions 250 mille lieues, soit en s'éloignant, soit en se rapprochant du Soleil.

J'ai également dit que le demi-parcours de la planète Mars, représenté par la figure n° 2, a la même surface du demi-parcours de cette même planète, représenté par la figure n° 1, et je vais indiquer la cause de cette égalité de surface dans ces deux moitiés de parcours, malgré leurs différentes formes.

Cela vient de ce que les onze triangles formés par les rayons vecteurs de la planète Mars, pendant son passage d'un apside à l'autre, comme ils sont représentés dans la figure n° 2, ces onze triangles, dis-je, ont chacun la même surface de ceux que renferme la figure n° 1, c'est-à-dire 389 trillions, 654 billions, 375 millions de lieues, représentées sur le papier par 1558 millimètres, 6175 dix millièmes de millimètre.

Pour décrire les triangles que contient la figure n° 2, les rayons vecteurs de la planète Mars emploient le même temps que pour décrire ceux que renferme la figure n° 1, c'est-à-dire 31 jours, 227 millièmes de jour.

L'échelle de proportion étant la même pour les lignes décrites dans l'une comme dans l'autre de ces deux figures, c'est-à-dire de 500 mille lieues carrées par millimètre carré, la figure n° 2 prouve jusqu'à l'évidence qu'à mesure que la planète Mars se rapproche du Soleil, en allant du rayon 0 apogée au rayon n° 11 périgée, la vitesse de sa marche circulaire augmente dans les proportions voulues, comme aussi à mesure que ladite planète Mars s'éloigne du Soleil, en allant du rayon n° 11 périhélie au rayon 0 aphélie, la vitesse de sa marche circulaire se ralentit également dans les proportions nécessaires pour que les surfaces des triangles décrites par ses rayons vecteurs restent toujours proportionnelles aux temps employés à les décrire.

Par la figure n° 2 on voit que les bases des triangles décrits par les rayons vecteurs de la planète Mars en 31 jours 227 millièmes de jour s'élargissent dans les proportions que les côtés de ces mêmes triangles se raccourcissent quand ladite planète Mars se rapproche du Soleil, comme aussi, lorsqu'elle s'en éloigne, les bases de ces mêmes triangles se rétrécissent dans les proportions que les côtés s'allongent.

De cette sublime harmonie il s'ensuit que les triangles que décrivent les rayons vecteurs de la planète Mars en 31 jours, 227 millièmes de jour conservent les mêmes surfaces les uns des autres, malgré les inégalités de distance de ladite planète Mars pendant ses passages d'un apside à l'autre.

PREUVE GÉOMÉTRIQUE INDIQUANT LA VÉRITABLE COURBE QUE DÉCRIT LA PLANÈTE MARS PAR SON PARCOURS AUTOUR DU SOLEIL.

Comme il ne suffit pas de composer des figures représentant des triangles qu'on élargit et raccourcit, ou qu'on allonge et rétrécit à volonté, comme font les professeurs de l'école Newtonnienne (1) pour faire concorder les causes avec les faits, je vais fournir les preuves de ce que j'avance au moyen de calculs appuyés par la géométrie et concordant parfaitement avec la figure n° 2, qui représente une courbe hyperbolique, laquelle courbe hyperbolique est la seule capable de figurer les parcours que décrivent les planètes autour du soleil.

---

(1) Lorsqu'un professeur de l'école Newtonienne démontre les formes que prennent les parcours des planètes au moyen des différentes puissances imaginées par Newton pour faire concorder les causes avec les faits reconnus par l'observation, si on demandait à ce professeur les valeurs positives de ces augmentations et diminutions de puissance en mesure quelconque au moyen d'une échelle de proportion, il serait très-embarrassé et ne pourrait pas répondre à cette question.

Il en serait ainsi parce que les praticiens de la formule Newtonienne ne connaissent absolument que les valeurs nécessaires à donner à une puissance imaginée par Newton pour en contre-balancer une autre, mais il ne se sont jamais rendu compte, au moyen d'une échelle quelconque, si les figures qu'ils composent et enseignent sont celles qui représentent les parcours des planètes qu'ils cherchent à démontrer.

Il leur suffit que leur grand maître l'ai dit pour qu'ils le croient et l'affirment.

Pour avoir l'inconnu par le connu je me baserai sur les distances apogées et périgées de la planète Mars au Soleil, d'après les observations faites par Képler, lequel a trouvé que la différence de distance entre l'aphélie et le périhélie de la planète Mars équivaut à la sixième partie de sa distance apogée.

Ainsi donc, la distance moyenne de la planète Mars au Soleil étant de 52 millions 250 mille lieues, cela porte à 57 millions de lieues sa distance aphélie, et à 47 millions 500 mille lieues celle de son périhélie

Il en est ainsi parce que le sixième de 57 millions de lieues, représenté par sa distance apogée, est de 9 millions 500 mille lieues, lesquelles sont à déduire pour avoir la distance périgée de 47 millions 500 mille lieues, comme il est indiqué plus haut.

Cela étant compris, et l'échelle de proportion étant de 500 mille lieues carrées par millimètres carrés, le rayon vecteur apogée a 114 millimètres de longueur, et celui périgée 95 millimètres.

Pour avoir les proportions des triangles décrits par les rayons vecteurs de la planète Mars en 31 jours 227 millièmes de jour, je divise en 11 parties égales les 9 millions 500 mille lieues qui composent la sixième partie des 57 millions de lieues de distance apogée, et chacune de ces parties sont de 863 mille 636 lieues, plus une fraction de lieue insignifiante et dont je ne tiens pas compte.

Chaque partie de 863,636 lieues est à diminuer par gradation sur la grandeur des rayons vecteurs allant du rayon 0 apogée au rayon n° 11 périgée, et elle est à augmenter en allant du rayon n° 11 périhélie au rayon 0 aphélie.

Les 11 fractions de 863,636 lieues chacune déduite par gradation sur les 11 rayons vecteurs à partir du rayon 0 aphélie complètent les 9 millions 500 mille lieues dont le rayon vecteur n° 11 périhélie a de moins grand que le rayon 0 aphélie.

Comme aussi les 11 fractions de 863 mille 636 lieues ajoutées par gradation aux 11 rayons vecteurs à partir du rayon n° 11 périgée complètent les 9 millions 500 mille lieues, dont le rayon 0 apogée a de plus long que ledit rayon n° 11 périgée.

Les deux rayons vecteurs n°s 11 et 0 marquant les points de départ et d'arrivée pour l'augmentation et la diminution des distances de la planète Mars au Soleil, cela ne complète que 11 triangles à chaque demi-parcours de la planète Mars.

La diminution par gradation des 863,636 lieues sur les rayons vecteurs a commencé sur le rayon n° 1 qui fait partie du premier triangle. Cette diminution graduelle m'indique les longueurs qui restent à chaque rayon vecteur au bout de 31 jours 227 millièmes de jour, et cela me donne aussi les grandeurs de chaque aire, composée de deux rayons qui forment ensemble la longueur moyenne d'un triangle (1).

Voici les longueurs qui restent aux 12 rayons vecteurs, déduction faite des 863,636 lieues à chaque période de 31 jours 227 millièmes de jour, en commençant cette déduction par le rayon vecteur n° 1.

Rayon 0 apogée	. . . . .	57,000,000
id. n°ˢ 1	. . . .	56,136,364
2	. . . . .	55,272,728
3	. . . . . .	54,409,092
4	. . . . .	53,545,456
5	. . . . .	52,681,820
6	. . . . .	51,818,184
7	. . . . .	50,954,548
8	. . . . .	50,090,912
9	. . . . .	49,227,276
10	. . . . .	48,363,640
11 périgée	. . . .	47,500,000

En connaissant les longueurs des 12 rayons vecteurs, à partir du rayon 0 apogée au rayon n° 11 périgée, pour avoir ensuite la longueur des 11 triangles formés par ces 12 rayons pendant le passage de la planète

---

(1) Pour éviter la confusion et distinguer les triangles d'avec les rayons (qui ne forment qu'un côté de l'aire décrite), j'ai indiqué et numéroté lesdits triangles au milieu de leur base, qui est l'endroit où se trouve leur longueur.

Mars de son aphélie à son périhélie, je compose le premier triangle par le rayon 0 et le rayon n° 1, j'additionne ensuite le produit de ces deux rayons, et la moitié de ce produit, qui en représente la longueur moyenne, me donne la grandeur du premier triangle, prise au milieu de sa base.

Exemple :

Longueur du rayon 0 apogée   57,000,000 de lieues.
idem.   du rayon n° 1   56,136,364

ensemble   113,136,364
En prenant la moitié   56,568,182

Par cette opération, on voit que la grandeur du triangle n° 1, prise au milieu de sa base, est de 56 millions 568 mille 182 lieues.

Pour avoir la grandeur du triangle n° 2, je procède de la même manière, en commençant par le rayon n° 1.

Nouvel exemple :

Longueur du rayon n° 1   56,136,364 lieues.
Idem   du rayon n° 2   55,272,728

Ensemble   111,409,092
En prenant la moitié   55,704,546

Par cette nouvelle opération, on voit que le deuxième triangle a une longueur de 55 millions 704 mille 546 lieues, et en procédant toujours de la même manière jusqu'au 11me triangle contenu dans la figure n° 2, je trouve les longueurs suivantes à ces 11 triangles :

Triangles n°s 1 56,568,182 lieues.
    idem.   2 55,704,546
               3 54,840,910
               4 53,977,274
               5 53,113,638
               6 52,250,000
               7 51,386,366
               8 50,522,730
               9 49,659,094
            10 48,795,458
            11,47,931,822

En ayant la connaiasance des longueurs des 11 triangles, il ne manque plus qu'à connaître les grandeurs de leurs bases pour avoir la figure que représente le parcours de la planète Mars pendant son passage de l'apogée au périgée, comme l'indique la figure n° 2.

Pour faire cette opération, qui devient la preuve péremptoire de la véritable courbe que décrit la planète Mars autour du Soleil, je divise la surface de l'un de ces triangles, lesquelles surfaces sont uniformément comme celles des triangles que renferme la figure n° 1, c'est-à-dire de 389 trillions 654 billions 375 millions de lieues, je divise cette surface, dis-je, par la grandeur du triangle n° 1, qui est de 56 millions 568 mille 182 lieues, et le produit me donne 6 millions 888 mille 225 lieues, qui forment la moitié de la grandeur de la base cherchée.

Il en est ainsi, parce que, d'après les règles de la géométrie, en multipliant la hauteur d'un triangle par la moitié de sa base on en obtient la surface.

En doublant ces 6,888,225 lieues, je trouve 13 millions 776 mille 450 lieues, qui représentent la grandeur de la base du triangle n° 1 composé du rayon 0 apogée et du rayon suivant portant le n° 1.

En renouvelant cette même opération sur les onze triangles qui composent la figure n° 2, et qui représentent le parcours de la planète Mars pendant un de ses passages de son aphélie à son périhélie, je trouve aux bases de ces 11 triangles les grandeurs suivantes :

Base du triangle n°ˢ	1	13,776,450 lieues.
id	2	13,990,038
	3	14,210,354
	4	14,437,718
	5	14,672,478
	6	14,915,000
	7	15,165,670
	8	15,424,912
	9	15,693,172

$$10 \quad 15{,}970{,}928$$
$$11 \quad 16{,}258{,}692$$

Ensemble de ces 11 bases 164,515,412 lieues.

Ainsi qu'on peut le vérifier par une contre-opération géométrique, en multipliant la hauteur de ces triangles par la moitié de la grandeur de leur base, on trouvera à tous les mêmes surfaces de celles des 11 triangles qui composent la figure n° 1, c'est-à-dire de 389 trillions 654 billions 375 millions de lieues, et chacune de ces surfaces est représentée sur le papier dans la figure n° 2, comme dans celle n° 1, par 1558 millimètres 6175 dix millièmes de millimètre.

Par cette opération, on voit qu'il est matériellement impossible d'indiquer les conformités des surfaces décrites en des temps égaux par les rayons vecteurs de la planète Mars, par des figures différant d'avec celle que j'indique, et qui porte le n° 2.

En d'autres termes, on reconnaît que, par la formule newtonienne, il est rigoureusement aussi impossible d'indiquer les irrégularités des distances de la planète Mars et les régularités des surfaces décrites en des temps égaux par ses rayons vecteurs que si on voulait démontrer qu'en circulant régulièrement aux mêmes distances du soleil, comme dans la figure n° 1, la planète Mars décrirait un *carré* et non un cercle.

Mais, dira-t-on, comment font donc les attractionnaires

pour tomber juste par leur démonstration au moyen de la formule newtonienne ? A cela je répondrai que les disciples du Grand Calculateur anglais se renferment derrière les principes abstraits établis par Newton, lesquels principes, ils décorent du nom pompeux de méthode transcendentale, et ils ne soumettent pas cette méthode au contrôle d'une échelle quelconque, comme je fais à l'égard de la mienne.

Par ce moyen ils ne craignent pas de se tromper sur la valeur des différents déplacements des planètes occasionnés par les forces imaginées par Newton, puisqu'ils n'indiquent aucune valeur numérique à ces déplacements.

Ce qu'il y a de ridicule et humiliant, en même temps, pour les perroquets du grand géomètre anglais, c'est que les professeurs de la formule newtonienne croient démontrer une chose et ils en enseignent une autre, sans s'en douter.

Il en est ainsi, puisque les lignes qu'ils décrivent par leurs enseignements ne sont pas celles que décrivent les planètes autour du soleil.

DISSERTATION SUR LA FORMULE NEWTONIENNE.

Lorsque le public intelligent, qui paye pour qu'on l'éclaire et non pas pour être servi par des grands mots vides de sens, *exigera* que la formule newtonienne soit soumise à un contrôle sérieux, au moyen d'une échelle quelconque (1), les utopies de cette formule apparaîtront sous leur véritable jour, tout l'échafaudage du système d'attraction s'écroulera comme s'écroulent tous les édifices établis sur de fausses bases, et on se demandera comment on a pu croire à de semblables chimères pendant plus de deux cents ans.

On se demandera, surtout, comment l'intelligence humaine a pu sérieusement accepter l'idée que des corps célestes, situés à des grandes distances les uns des autres, ont la puissance de s'attirer mutuellement.

Alors, et seulement alors, l'astronomie cessera d'être une science occulte, basée sur des conjectures; elle deviendra une science sérieuse, plus facile à comprendre, et elle facilitera des nouvelles découvertes profitables à l'humanité, comme la découverte de la véritable cause des flux et reflux des mers, basée sur la force centrifuge

---

(1) Par cette échelle on indiquerait positivement par des chiffres les valeurs numériques des déplacements des planètes occasionnés par chaque puissance imaginée par Newton.

dés corps, contradictoirement au système d'attraction (1).

Je dis que l'astronomie progressera quand elle sera remise sur la bonne voie, dont l'a fait dévier Newton, parce que, par la géométrie, qui est d'une exactitude à toute épreuve, et par la puissance des chiffres, qui s'étend à l'infini, on peut trouver l'inconnu par le connu, en se basant sur les mouvements des coprs célestes, tels qu'on les voit s'effectuer, et tels qu'ils ont été reconnus par la science longtemps avant l'avénement du grand calculateur anglais.

Pour donner une idée à l'égard des entraves que le système d'attraction occasionne à l'astronomie, et faire comprendre les progrès rapides que ferait cette science en étant dégagée des utopies newtoniennes, je ferai remarquer ce qui suit :

Les parcours des planètes autour du soleil, s'effectuant toujours de la même manière, et avec une grande précision, on connait les temps qu'elles emploient pour accomplir leur révolution périodique soit par rapport aux équinoxes, soit par rapport à la même étoile fixe qui a marqué le point de départ, et soit, enfin, par rapport à leur même apside.

On s'est bien rendu compte par l'observation que ces révolutions ont lieu en des temps qui diffèrent un

_____

(1) On trouve cet ouvrage chez les principaux libraires de Vienne, et chez M. Henri Loones, successeur de Madame veuve Renouard, libraire, rue de Tournon, nº 6, à Paris.

peu les uns des autres quoique étant effectués par le même corps, et autour d'un même centre, mais jus-qu'à ce jour on n'a pas eu la moindre idée à l'égard de la véritable cause de ces inégalités de temps.

Pour combler cette lacune on a fait comme à l'égard de la cause des flux et reflux des mers, on s'est servi du même tampon, qu'on trouve propre à boucher tous les trous, c'est-à-dire de l'attraction, *qui n'existe pas.*

On ne s'occupe pas à voir s'il n'y a pas quelques moyens plus sérieux que des imaginations chimériques pour expliquer les raisons de ces faits ; on les attribue à une puissance attractive qu'on augmente et diminue à volonté au moyen d'une autre puissance rivale, également-ment imaginée, et le tour est fait.

Par ce moyen les choses se trouvent équilibrées dans les proportions voulues pour faire concorder les causes avec les faits observés, les professeurs de la méthode newtonienne s'imaginent de démontrer des choses im-portantes, et ils n'enseignent rien du tout, car après leur démonstration on n'est pas plus avancé à l'égard des connaissances des causes que s'ils n'avaient rien dit.

Il en est ainsi, parce que la concordance qu'ils font intervenir entre les forces imaginées n'indiquent rien de positif, puisque les déplacements des corps célestes occasionnés par ces forces ne sont représentés par aucune valeur numérique.

Il n'en est pas de même à l'égard de ma méthode, car

par la figure n° 2 les valeurs des déplacements de la
planète Mars, par rapport au soleil, sont indiquées par
des chiffres concordant avec la géométrie.

Par ces chiffres on reconnait que les lignes décrites
dans la figure n° 2 sont positivement celles que décrit
la planète Mars, en passant d'un apside à l'autre, ou en,
d'autres termes, en passant de son apogée à son périgée.

Pour indiquer les véritables causes des divers faits
qu'on voit effectuer aux corps célestes, il faut absolument
que les déplacements qu'effectuent ces corps, les uns par
rapport aux autres, soient indiqués par des mesures
quelconques représentées par des chiffres.

Il faut que la distance et les parcours de ces corps
dans le firmament soient représentés en lieues, ou autre
mesure concordant aves les lignes qu'on trace sur le
papier au moyen d'une échelle.

En dehors de cette manière d'opérer il n'y a pas
de vérifications sérieuses, car rien n'empêche d'augmenter et diminuer à volonté les puissances qu'on fait
intervenir pour faire concorder les causes avec les faits
observés, si les déplacements qui produisent ces diverses
puissances ne sont pas indiqués par des mesures contrô-
lées par une échelle de proportion.

Une fois cela compris et usité, la science astronomique pourra déchirer le voile dans lequel elle a été
enveloppée par le système d'attraction, et se remettre
sur la bonne voie, dont l'a fait dévier Newton.

DISSERTATION SUR L'ORIGINE DES DIVERS SYSTÈMES ASTRONOMIQUES.

En lisant l'histoire sur l'astronomie, on voit qu'après avoir été régie pendant quatorze siècles par le système de Ptolémée (1) cette science se débarrassa de ce dernier système en faveur de celui de Copernic (2), et, plus tard, l'infatigable génie de Képler trouva des lois dans les mouvements des planètes, et desquelles lois il ne put indiquer les causes.

Par une regrettable fatalité Newton (l'un des plus grands génies de son siècle) fit accepter de fausses causes aux découvertes de Képler au moyen de diverses puissances qu'il imagina.

Par ces puissances imaginaires et par sa grande facilité pour les calculs, Newton (ainsi que je l'ai dit page 35) fit littéralement dévier la science astronomique de la voie qu'elle aurait pu suivre pour progresser en donnant de justes appréciations aux sublimes découvertes de Képler.

L'autorité du génie du grand géomètre anglais a fait

---

(1) Le système de Ptolémée plaçait la Terre immobile au centre de l'Univers et faisait circuler tous les corps célestes autour du globe terrestre par des mouvements impossibles, car les plus éloignés de la terre, comme les plus rapprochés, devaient accomplir en 24 heures leur mouvement de translation autour du globe terrestre.

(2) Le système de Copernic fait circuler les planètes autour du Soleil qui occupe le centre du système planétaire dont la Terre fait partie.

pousser à son système des raciues tellement profondes qu'on y croit quand même, malgré les preuves du contraire de ce système, manifestées à la surface de la terre.

Les preuves contradictoires (au système d'attraction) qui laissent matériellement à la surface de la Terre des traces qu'on peut voir et toucher, se sont les perturbations qu'exercent sur les mers les passages de la lune et du soleil.

En suivant les effets que produisent sur les mers le globe lunaire et le globe solaire, d'après les démonstrations que j'ai faites dans ma brochure sur les véritables causes des marées, en voyant les nombreuses preuves fournies dans cet ouvrage, on voit qu'une seule de ces démonstrations est plus que suffisante pour prouver péremptoirement que ni la lune, ni le soleil n'exercent aucune puissance attractive sur les mers.

On voit qu'au contraire se sont les pressions lunaires et solaires qui aplanissent les sphéricités des mers des deux côtés de la terre à la fois (1) et font remonter les eaux vers les bords, suivant la configuration des terrains.

Par les explications que j'ai données à l'égard des causes pour lesquelles les petites mers intérieures n'ont pas des flux et reflux, ainsi que sur l'influence que peut exercer sur la mer Adriatique le globe lunaire quand il

____

(1) On voit particulièrement pages 44, 45 et 46 de ma brochure sur les causes des flux et reflux des mers comment ont lieu les deux pressions lunaires et solaires des deux côtés de la terre à la fois.

se trouve dans ses plus grands écarts en latitude, comme dans le courant de l'année 1876.

En réfléchissant, enfin, à ce qui se passera le 22 juin 1876, à partir de 10 heures du matin à midi 45 minutes au méridien de Paris, pendant que la lune longera le littoral de la mer Méditerranée, en réfléchissant à cela, dis-je, on comprend que cette expérience à elle seule est plus que suffisante pour prouver que la lune n'exerce aucune puissance attractive sur les mers.

On reconnait cela parce que, dans la circonstance citée plus haut, il ne manquera au globe lunaire que deux degrés de latitude septentrionale pour qu'il se trouve directement au zénith de la Mer Méditerranée, pendant son parcours longitudinal de cette dernière mer, lequel parcours durera 2 heures 45 minutes et 20 secondes.

Par ce fait, il est bien facile de concevoir que si le globe lunaire exerçait seulement la centième partie de la puissance attractive qu'on lui prête soit sur les eaux de l'Océan, soit sur la terre (pour expliquer les deux marées à la fois, diamétralement opposée l'une à l'autre), il est facile de concevoir, dis-je, que, dans ces circonstances, les eaux de la Mer Méditerrannée seraient toutes attirées par la lune, elles sortiraient de leur bassin, et se répandraient dans les terres d'Afrique.

Le 22 juin 1876, les eaux de la Mer Méditerranée ne seront pas plus attirées par la lune qu'à n'importe quelles autres époques, et cela par une raison bien simple:

c'est que, dans aucun temps, ni dans aucun cas, la lune n'attire *jamais* les eaux de n'importe quelles mers.

C'est le contraire qui aura lieu le 22 juin 1876; la lune se trouvant dans une de ses plus grandes latitudes septentrionales, sa pression portera sur les deux bords de la Mer Adriatique, cette pression refoulera un peu les eaux de cette dernière mer jusqu'au golfe de Venise, où il n'y a pas d'issue vers l'occident, et lorsque le globe lunaire aura contre-passé ledit golfe de Venise, les eaux se retiront des bords au centre.

Cela explique pourquoi la Mer Adriatique a des petits flux et reflux qui doivent être plus prononcés aux époques analogues à l'année 1876 qu'à d'autres époques (1).

Par cette démonstration (qui n'est pas la plus concluante de celles qui figurent dans ma brochure sur les marées), par une seule de mes démonstrations, dis-je, on reconnaît de suite que la puissance attactive n'est pas plus admissible que si on voulait faire admettre que se sont les planètes qui éclairent le soleil, au lieu d'être le globe solaire qui éclaire les planètes qui font partie de son système.

---

(1) On trouve de plus amples détails à ce sujet dans ma brochure sur les marées (pages de 51 à 57); on voit que, dans le courant de l'année 1876, le nœud ascendant de la lune concourra avec l'équinoxe du printemps, et cela occasionnera au globe lunaire ses plus grands écarts en latitude.

DISSERTATION SUCCINCTE SUR LES DIFFÉRENTES NATURES DES MARÉES.

Pour bien faire comprendre l'absurdité du système d'attraction, ainsi que la naïveté du public pour se laisser endoctriner par une pareille charlatanerie, pour faire toucher du doigt le ridicule d'un semblable système, pour expliquer les causes des marés, je vais indiquer comment auront lieu les hautes mers dans les golfes situés au nord de la Mer des Indes et dans les ports d'Europe, pendant le passage de la pleine lune au-dessus de ces diverses mers, à partir du 16 octobre prochain, à quatre heures du soir au méridien de Paris.

Je ne parlerai que de la marée des mers qui se trouveront sous le passage de la lune même, et je ne m'entretiendrai pas de celle qui aura lieu en même temps sur les mers situées de l'autre côté de la terre, diamétralement opposé au globe lunaire.

Par ce moyen j'éviterai la confusion, et il me sera bien plus facile à faire comprendre l'impossibilité d'expliquer par une puissance attractive les diverses perturbations qui ont lieu sur les mers par les passages alternatifs soit de la lune, soit du soleil.

Le 16 octobre prochain de 1872, à partir de 4 heures du soir au méridien de Paris, la lune longera la Mer des Indes par 6 degrés de latitude septentrional; elle croisera la pointe nord de l'île Bornéo, à 4 heures 25 minutes, et à 7 heures 10 minutes, elle arrivera au zénith de la pointe méridionale Dekan, qui limite le côté oriental du golfe du Bengale.

A partir de 7 heures 10 minutes, le globe lunaire parcourra la mer d'Omand et il atteindra le côté oriental de l'Afrique à 9 heures 15 minutes du soir.

Ce trajet de la lune au-dessus de la Mer des Indes septentrionale sera précédé par un courant très-rapide qui pénètrera dans les golfes de Siam, de Persique et d'Arabie.

Une chose digne d'être remarquée, c'est que les hautes mers dans ces divers golfes auront toutes lieu avant le passage de la lune à leur méridien.

Cette ondulation occidentale et cette pénétration des eaux de la Mer des Indes dans les divers golfes cités plus haut, seront occasionnées par la pression de la pleine lune secondée par une petite pression solaire, qui, dans cette circonstance, se trouvera à peu près aux mêmes longitudes et latitudes de la pression du globe lunaire.

Il en sera ainsi, parce que, le 16 octobre prochain, la lune sera en syzygie d'opposition, et la petite pression solaire, diamétralement opposée au soleil, se trouvera à la même longitude de la pression de la lune, comme aussi, à cette même époque, le soleil se trouvera à environ 6 degrès de latitude méridionale, et la même petite pression solaire, diamétralement opposée au soleil, se trouvera, comme la pression de la pleine lune, à 6 degrés de latitude septentrionale.

Dans cette circonstance les deux pressions lunaires et solaires, réunies sur un même point, aplaniront ensemble la sphéricité de la Mer des Indes; elles pousseront les eaux de cette mer dans tous les sens, et particulièrement d'orient en occident, du côté de leur déplacement occidental.

Cette double pression se trouvera, dans ce cas, assez rapprochée des côtes de l'Asie pour que les eaux pénètrent dans ces golfes, et lorsque ladite double pressions portera sur les terres d'Afrique, la Mer des Indes reprendra son niveau sphérique, et les eaux de cette dernière mer se retireront des bords au centre, jusqu'à ce qu'elles soient poussées de nouveau par des pressions nouvelles.

Ainsi que je l'ai dit plus haut, la lune atteindra le côté oriental de l'Afrique, le 16 octobre prochain, à 9 heures 15 minutes du soir; elle croisera ensuite le méridien du port de Dieppe avant minuit et demi, et celui du port de Brest avant une heure du matin du 17 octobre.

Les hautes mers occassionnées par ce même passage de la lune au plein n'auront pas lieu au port de Brest avant 4 heures du matin du 17 octobre, et au port de Dieppe avant dix heures idem.

Cela prouve de la manière la plus absolue que les hautes mers occasionnées par les mêmes passages de la lune ont lieu dans les ports que baigne la Mer des Indes avant que le globe lunaire ait croisé les méridiens de ces ports, tandis que vers le côté oriental de l'Océan Atlantique septentrional, où se trouvent les ports de l'Europe, les hautes mers n'ont lieu dans ces derniers ports que très-longtemps après que la lune a croisé leur méridien.

En présence de ce fait incontestable il serait vraiment intéressant de savoir par quel effort d'imagination les attractionnaires pourraient encore faire croire que la lune attire les eaux avant son passage sur certaines mers, et longtemps après ce même passage sur d'autres.

Ce tour de force pourrait se comparer avec celui qu'on prêta à Josué en disant qu'il avait arrêté le soleil.

Il est permis d'espérer qu'à une époque où, grâce au télégraphe électrique, on peut savoir en peu de temps ce qui se passe sur toute la surface du globe, on ne souffrira pas plus longtemps qu'une semblable erreur soit accréditée.

En admettant qu'on ait assez d'indifférence pour ne point faire de cas du progrès des sciences, on doit bien au moins s'intéresser au sort des navigateurs à long cours; on ne doit pas les laisser plus longtemps exposés aux dangers que leur font courir les manques de connaissances des causes des variables et nombreuses perturbations qui ont lieu sur sur les grandes mers libres.

Pour faire connaître l'épaisseur du bandeau que le système newtonien a mis sur les yeux de toutes les intelligences qui se sont vouées à la recherche des causes des flux et reflux des mers, je ferai remarquer que le système d'attraction leur a empêché de se rendre compte des nombreuses variations en latitude des perturbations qui ont lieu sur les eaux du grand Océan et la Mer des Indes, par suite des variations en latitude des rayons vecteurs du soleil et de la lune.

Ce manque de connaissances a fait négliger d'apprécier les différences qui existent entre la nature des marées qui ont lieu vers le côté oriental de l'Océan Atlantique septentrional, où se trouvent les ports européens, et celles qui surgissent dans le Grand-Océan et la Mer des Indes.

Les déplacements en latitude des rayons vecteurs du soleil et de la lune font varier en latitude les perturbations qui surgissent sur les eaux des mers libres, mais il n'en est pas de même à l'égard des marées qui ont lieu dans la mer qui baigne les ports d'Europe.

Cette différence vient de ce que les déplacements en latitude des pressions lunaires et solaires sont dénaturés par les continents d'Afrique et d'Amérique, et particulièrement par la pointe orientale de l'Amérique méridionale, que, dans ma brochure sur la véritable cause des flux et reflux des mers, j'ai appelée le *Diviseur des eaux.*

Cette pointe (qui se trouve située à 6 degrés de latitude méridionale) divise les eaux qui sont poussées contre elle par les pressions lunaires et solaires pendant les passages de la lune et du soleil au-dessus de l'Océan Atlantique.

Une partie de ces eaux est poussée au midi du *Diviseur,* et elle circule occidentalement en contournant l'Amérique méridionale. L'autre partie est poussée dans le golfe du Mexique entre les deux Amériques, et comme elle ne trouve pas d'issue occidentale, elle rétrograde d'occident en orient, vers le côté oriental de l'Océan Atlantique septentrional, où se trouvent les ports européens.

Il résulte de ce fait que les hautes mers des ports d'Europe ont toutes lieu plus ou moins longtemps après que la lune a croisé les méridiens de ces ports, et en voici la cause.

Pendant que les eaux poussées par les pressions lunaires et solaires (qui se trouvent en latitude nord par rapport au *Diviseur des eaux*) font aller et retour dans

l'Océan Atlantique, et reviennent à leur point de départ
en longitude où se trouvent les ports européens, les
globes lunaires et solaires (dont les continents n'entra-
vent pas leur déplacement occidental par rapport à
la surface des mers), les globes lunaires et solaires, dis-
je, se croisent sur l'Océan Atlantique avec les courants
d'eaux produits par leurs pressions, et ils se trouvent
au-dessus du continent d'Amérique quand les hautes
mers occasionnées par lesdites pressions arrivent dans
les ports d'Europe.

Les marées qui ont lieu dans le Grand-Océan et la
Mer des Indes doivent circuler avec impétuosité pendant
tout leur parcours en étant constamment poussées d'orient
en occident par les pressions des astres qui les font surgir,
tandis que vers le côté oriental de l'Océan Atlantique
septentrional, où se trouvent les ports d'Europe, la mer
doit s'élever paisiblement; elle ne doit pénétrer dans les
terrains (qu'elle envahit par sa croissance) que par
le poids des eaux, et elle doit redescendre de la même
manière. Cela vient de ce que la configuration des terrains
où se trouve l'Océan Atlantique septentrional imite un
grand réservoir dans lequel sont poussées alternativement des eaux en plus ou moins grandes quantités, à
chaque passage des pressions lunaires et solaires dans
la Zone torride de l'Océan Atlantique dont ces pressions
aplanissent la sphéricité.

Lorsque les pressions lunaires et solaires ont passé

et qu'elles portent sur le continent d'Amérique ou dans le Grand-Océan, la Zone torride de l'Océan Atlantique reprend son niveau sphérique, et les eaux qui ont été poussées vers le Nord et vers le côté oriental de l'Océan Atlantique redescendent naturellement par leur poids.

On trouve des plus amples détails à cet égard dans mon ouvrage sur la véritable cause des flux et reflux des mers, et particulièrement pages 94, 95 et 96, où il est démontré pourquoi les plus grandes marées dans les ports d'Europe sont celles qui ont lieu environ 36 heures après les époques des syzygies de la lune. On voit dans cet ouvrage que les plus grandes marées qui arrivent vers le côté oriental de l'Océan Atlantique septentrional, où se trouvent les ports européens, dépendent des plus grandes places qu'occupent en latitude septentrionale les pressions lunaires et solaires par rapport au *Diviseur des eaux* (1) lorsque ces diverses pressions rencontrent ledit *Diviseur*.

---

(1) *Le Diviseur des eaux* est (ainsi que je l'ai déjà dit) la pointe orientale de l'Amérique du Sud, et j'ai donné ce nom à cette côte à cause de la position qu'elle occupe dans l'Océan Atlantique, par laquelle position elle distribue, en plus ou moins grande quantité, des eaux qui sont poussées dans le rivage qui conduit vers le côté oriental de l'Océan Atlantique septentrional, où se trouvent les ports d'Europe, et cela d'après les positions qu'occupent en latitude les rayons vecteurs du soleil et de la lune pendant les passages de ces deux derniers astres au-dessus de l'Océan Atlantique.

Pour ne rien laisser à désirer et bien faire comprendre à toutes les personnes qui en auront la volonté les différences qui existent entre les marées qui ont lieu dans les ports d'Europe et celles qui surgissent dans les grandes mers libres, je ferai encore remarquer que, dans l'après-midi du 14 décembre prochain au méridien de Paris, et dans la matinée du lendemain 15 décembre idem, il y aura deux hautes mers dans les ports européens.

La première de ces deux marées dépendra de la pression du soleil même, réunie à la pression lunaire diamétralement opposée à la lune, et la seconde, celle du 15 décembre, dans la matinée, sera occasionnée par la pression de la pleine lune, réunie à la pression solaire diamétralement opposée au soleil.

La haute mer du 14 décembre prochain, dans l'après-midi, aura lieu, dans le port de Brest, à 3 heures et demie du soir ; dans celui de saint-Malo, à 6 heures idem, et dans celui de Dieppe, à 10 heures idem.

La haute mer du 15 décembre prochain, dans la matinée, aura lieu, dans le port de Brest, à 3 heures 55 minutes du matin; dans celui de saint-Malo, à 6 heures 25 minutes, idem, et dans celui de Dieppe, à 10 heures 25 minutes idem.

La marée du 14 décembre, dans la soirée, sera moins grande que celle du 15, dans la matinée, parce que la haute mer du 14 décembre dépendra des pressions solaires et lunaires situées à 20 degrés de latitude méridionale, et celle du 15 sera occasionnée par la pression lunaire et solaire située à 20 degrés de latitude septentrionale.

Ces deux marées n'auront aucune différence en latitude malgré que les pressions qui les occasionneront seront séparées par 40 degrés. Cela vient de ce que les eaux qui alimentent les hautes mers des ports européens passent toutes par le même rivage, à droite du *Diviseur des eaux*.

Il résulte de ce fait que les différentes positions en latitude des pressions lunaires et solaires, pendant leur passage sur l'Océan Atlantique, ne peuvent que faire augmenter ou diminuer le volume des eaux qui sont poussées vers le côté oriental de l'Océan Atlantique septentrional, où se trouvent les ports d'Europe, mais (je le répète) les différentes positions en latitude des rayons vecteurs du soleil et de la lune n'occasionnent aucune différence en latitude dans les marées de l'Océan Atlantique, où se trouvent les ports européens.

Il n'en n'est pas de même à l'égard des marées qui surgissent dans les grandes mers libres, car les deux qui auront lieu en même temps des deux hautes mers dont je viens de parler, et qui surgiront dans le Grand-Océan, du côté de la terre, diamétralement opposé à l'Océan Atlantique, ces deux marées circuleront à une distance l'une de l'autre de 40 degrés en latitude.

Il en sera ainsi, parce que les pressions lunaires et solaires, réunies dans l'après-midi du 14 décembre prochain, et dans la matinée du 15 dit (que la lune se trouvera en syzygie d'opposition), ces diverses pressions seront séparées les unes des autres par 40 degrés de latitude.

La pression de la pleine lune, réunie à une petite pression solaire, et qui occasioneront ensemble la première des deux marées en question, ces deux pressions réunies feront surgir une ondulation qui circulera rapidement à 20 degrés de latitude septentrionale; elle longera le littoral de la Mer des Indes et sera capable de renverser ou jeter contre les différentes côtes d'Asie tout ce qui se trouvera sur son passsage soit dans la mer de Chine, soit dans le golfe du Bengale et dans la mer d'Omand.

La pression lunaire, située du côté de la terre diamétralement opposé à celui où sera la lune au plein, cette pression, réunie à la petite pression du soleil même, feront surgir une ondulation qui circulera à 20 degrés de latitude méridionale, et cette deuxième marée, après la syzygie de la lune, ne produira pas plus d'effet vers les côtes d'Asie que si elle n'avait pas lieu.

Cette ondulation passera près de la Nouvelle Calédonie, ou elle pourra exercer quelques ravages, et elle contournera l'Australie mais, je le répète, elle sera inaperçue vers les côtes d'Asie.

Par ces explications (dont il est bien facile de vérifier la véracité), on voit que les marées du Grand-Océan et de la Mer des Indes ne sont pas de la même nature et n'ont même aucun rapport avec les hautes mers qui ont lieu vers le côté oriental de l'Océan Atlantique septentrional, où se trouvent les ports d'Europe.

Ainsi que je l'ai dit (page 84), alors même qu'on aurait assez d'indifférence pour ne pas faire de cas du progrès des sciences, ne doit-on pas, au moins, s'intéresser à la conservation des navigateurs à long cours? Et je suis certain que, faute de connaître les véritables causes et les époques auxquelles doivent passer, près des côtes, des grandes ondulations circulant avec une effrayante rapidité, je suis certain, dis-je, qu'il périt beaucoup plus de bâtiments sur les mers lointaines que si on avait ces connaissances.

Pour ne citer qu'un fait (qui peut se renouveler bien souvent et dans d'autres lieux), je dirai que je suis convaincu que, pendant le passage de la grande ondulation près des côtes d'Asie, qui aura lieu le 14 décembre prochain, et qui sera occasionnée par la pression de la pleine lune, secondée par une petite pression solaire, je suis convaincu, dis-je, que, pendant le passage de cette désastreuse ondulation, s'il se trouvait une quantité de bâtiments dans les mers de Chine, dans le golfe du Bengale et dans la mer d'Oman, la majeure partie de ces vaisseaux seraient précipités contre les côtes de ces mers, et une grande quantité feraient naufrage.

On a bien fait de voter des fonds pour se mettre en mesure de bien observer le passage de la planète Vénus sur le disque du soleil, qui aura lieu en 1874 ; mais il me semble que, dans l'intérêt de la sécurité de la navigation, on devrait bien, au moins, faire quelques frais de correspondance pour s'informer comment ont lieu les perturbations sur les mers lointaines par les influences de la lune et du soleil.

En lisant les annuaires publiés par le Bureau des longitudes, on voit qu'à l'égard des causes des marées, on ne s'occupe exclusivement que de celles qui ont lieu dans les ports européens situés au bord oriental de l'Océan Atlantique septentrional.

Par des observations renouvelées bien des fois, on a remarqué comment ont lieu les marées dans les ports d'Europe ; et, faute de connaître la véritable cause de ces élévations et abaissements d'eaux, on les a attribués à des puissances attractives qu'on augmente et diminue à volonté pour faire concorder les causes avec les faits observés.

En procédant de cette manière, en ne s'occupant que des marées qui ont lieu sur le bord de l'Océan Atlantique septentrional, où se trouvent les ports d'Europe, pour se rendre compte de la véritable cause des grandes ondulations qui parcourent les surfaces des mers, on n'est pas plus avancé, à l'égard de cette cause, que si on ne faisait absolument rien.

Il en est ainsi, parce qu'en examinant la configuration des terrains dans lesquels se trouve l'Océan Atlantique septentrional, on voit que cette branche de mer représente un grand port, dont le détroit est à l'équateur, entre l'Afrique et l'Amérique méridionale, et, par la constitution de ce grand port, on voit que son côté oriental (où se trouvent les ports d'Europe) est à l'abri des grandes ondulations qui parcourent occidentalement les surfaces des mers.

Par ce fait, on reconnaît bien vite qu'il est matériellement impossible d'acquérir la moindre connaissance à l'égard des causes qui font surgir les grandes ondulations qui circulent à la surface des grandes mers libres, en se basant sur ce qui se passe dans les ports d'Europe, puisque, par leur position topographique, lesdits ports européens se trouvent à l'abri de ces grandes ondulations.

Par ce simple exposé, on voit que le système d'attraction a tellement ébloui toutes les grandes capacités qui se sont occupées des causes des flux et reflux des mers, que, non-seulement les Newtoniens n'ont jamais eu aucunes notions sérieuses à l'égard des véritables causes de ces grands phénomènes de la nature, mais, de plus,

ils ignorent complétement comment s'effectuent les marées qui ont lieu dans le Grand-Océan et la Mer des
Indes.

On peut se procurer la preuve matérielle de ce que
j'avance en correspondant avec quelques habitants du
littoral de la Mer des Indes septentrionales, depuis l'île
Luçon, dans la Mer de Chine, jusqu'à l'embouchure
orientale de la Mer Rouge, et on apprendra, si on le désire, que, d'après les positions en latitude des rayons
vecteurs du soleil et de la lune, dans les journées des 14,
15, 16 et 17 décembre prochain de 1872, toutes les
mers qui longent les côtes d'Asie n'auront qu'une marée
par 24 heures, 50 minutes et 28 secondes.

Pendant les quatre jours indiqués plus haut, les marées intermédiaires, qui, dans les ports européens, reviennent toujours après 12 heures, 25 minutes et 14 secondes, ces marées, dis-je, auront lieu de l'autre côté de
l'équateur; elles passeront près de la Nouvelle-Calédonie
et de l'Australie, qu'elles contourneront.

Dans ces derniers parages, comme dans le littoral de
la Mer des Indes septentrionales, il n'y aura qu'une
grande ondulation par 24 heures, 50 minutes, 28 secondes, pendant les quatre jours en question, et toujours
par la même cause des positions en latitude des rayons
vecteurs du soleil et de la lune pendant ce temps.

En correspondant avec des habitants du littoral de la
Mer des Indes septentrionales, pour être fixé sur ce qui

se passera sur les bords de cette dernière mer pendant les 14, 15, 16 et 17 décembre prochain de 1872, on apprendra aussi que, d'après les grandes ondulations qui circuleront occidentalement dans ces parages, en longeant les côtes d'Asie, les diverses mers de ces pays seront extraordinairement agitées, et les bâtiments qui se trouveraient dans ces mers, sans être abrités dans des ports, seraient précipités contre les côtes.

Dans l'intérêt de la sécurité des navigateurs à long cours, et pour conserver à la France le rang élevé qu'elle doit occuper parmi les nations savantes et civilisées, le Bureau des longitudes de Paris, à l'égard des marées et de leurs causes, ne doit pas, dans son Annuaire, se borner à ne publier que ce qui se passe dans les ports européens.

On ne doit pas se borner à cette publication, parce que la position qu'occupent les ports d'Europe n'est qu'une faible partie, comparativement à la surface des mers, et cette position n'est pas dans les conditions voulues pour servir à indiquer les véritables causes des ondulations désastreuses qui surgissent et circulent occidentalement sur les mers, par les influences de la lune et du soleil.

Je dis que la position qu'occupent les ports européens n'est pas dans les conditions voulues, parce que les ports d'Europe sont abrités par l'ancien continent, et ils se trouvent sur un bord oriental, du côté opposé à la circulation occidentale des grandes et désastreuses ondulations, dépendant des influences des globes lunaire et solaire.

On doit espérer, et il est même du devoir des autorités compétentes (qui disposent des ressources de la nation française) d'ordonner qu'il se fasse une enquête sérieuse à l'égard des causes des perturbations qui ont lieu sur les grandes mers libres, en dehors de celle dans laquelle se trouvent les ports européens.

Lorsque, par cette enquête, on se sera rendu compte de la véritable cause des marées, on pourra apprécier l'extraordinaire puissance qu'exerce la lune sur les mers, par sa pression des deux côtés de la terre à la fois, comme il est indiqué pages 44, 45 et 46 de ma brochure sur *la véritable cause des flux et reflux des mers.*

On verra qu'à chaque coup de piston produit par les pressions lunaires pendant le passage de ces pressions sur l'Océan Atlantique, la lune fait monter vers le Nord et vers le bord oriental de cette dernière branche de mer des quantités d'eaux dont le volume est incalculable, puisque cela fait sensiblement varier le niveau de ladite mer sur une vaste étendue (1).

---

(1) Je ne parle que des pressions lunaires, parce que les petites pressions solaires sont absorbées par celles de la lune ; les pressions du soleil ne font qu'augmenter ou diminuer les grandeurs des marées occasionnées par les pressions de la lune, et cela suivant les positions en longitude et latitude du globe solaire par rapport au globe lunaire pendant une haute mer occasionnée par la lune.

Je dis : occasionnée par la lune, parce que les retards d'une marée quel-

La connaissance de ce fait gigantesque pourra en occasionner d'autres profitables à l'humanité, car il est dans les habitudes que les découvertes de quelques faits qui nous sont dérobés par les secrets de la nature sont presque toujours suivies de près par de nouvelles ; comme, par exemple, la découverte du télégraphe électrique a suivi de près celle des chemins de fer par la vapeur, etc., etc.

Il est dans les choses possibles qu'on puisse utiliser les puissances des pressions lunaires et solaires pour voyager rapidement sur les mers, en suivant attentivement les variations en latitude des courants que ces pressions occasionnent, d'après les variations en latitude des rayons vecteurs de la lune et du soleil.

Ces variations n'ont pas lieu de la même manière : celles des rayons vecteurs du soleil s'effectuent bien plus lentement que celles des rayons vecteurs de la lune ; car les rayons vecteurs du globe solaire emploient, en moyenne, 182 jours, 14 heures, 54 minutes et 22 secondes, pour se porter de l'équateur aux deux tropiques et revenir sur l'équateur, tandis que, pour effectuer cette même variation, les rayons vecteurs du globe lunaire

---

conque, pour un même pays sur la terre, concordent avec les retards des retours de la lune au zénith du méridien de ce même pays.

On trouve de plus amples détails à ce sujet, pages 79, 80 et 81 de ma brochure sur la véritable cause des flux et reflux des mers, au chapitre intitulé : *Dissertations au sujet des deux pressions solaires.*

n'emploient, en moyenne, que 13 jours, 15 heures, 51 minutes et 32 secondes.

On trouve de plus amples détails à ce sujet, pages 125, et autres, de ma brochure sur la véritable cause des marées, au chapitre intitulé : *Dissertation sur les écarts en latitude des rayons vecteurs du soleil et de la lune.*

En attendant que les autorités compétentes de la Nation française *obligent* les membres du Bureau des longitudes de Paris à s'occuper et à inscrire dans leurs annuaires les influences qu'exercent sûr les grandes mers libres le globe lunaire et le globe solaire, je vais continuer à démontrer la complète nullité de la formule newtonienne pour expliquer la marche des astres.

INDICATION DE LA CAUSE DES DEUXIÈME ET TROISIÈME LOIS
DE KÉPLER.

Les deuxième et troisième lois de Képler dépendent d'un même fait astronomique, que j'ai déjà cité (page 30), et dont je répète le texte :

« Le carré du rapprochement d'une planète au soleil occasionne la racine carrée de l'augmentation de vitesse de son mouvement circulaire autour de cet astre, tout comme le carré de l'éloignement d'une planète au soleil occasionne la racine carrée de la diminution de vitesse de ce même mouvement. »

Par ce fait, on comprend pourquoi les racines carrées des distances des planètes au soleil représentent les mêmes nombres que les racines cubiques des temps ; on voit aussi pourquoi les carrés des distances des planètes au soleil occasionnent les cubes des temps de leurs révolutions périodiques autour de cet astre ; et tout cela indique la cause pour laquelle les carrés des temps des révolutions périodiques des planètes autour du soleil se trouvent entre eux comme les cubes de leurs distances (*Troisième loi de Képler*).

Maintenant je vais expliquer comment la deuxième loi de Képler : *Des aires proportionnelles aux temps*, dépend aussi de ce que le carré du rapprochement ou de l'éloignement d'une planète au soleil occasionne la racine carrée de l'augmentation ou de la diminution de la vitesse de son mouvement circulaire autour de cet astre.

On sait par la géométrie que, pour avoir la surface d'un triangle, il faut multiplier sa base par la moitié de sa hauteur, ou, ce qui revient au même, multiplier la hauteur du triangle par la moitié de sa base.

Ainsi donc, j'admettrai que, semblable à la planète Mars, dans la figure n° 1, une planète quelconque conserve sa même distance du soleil pendant 8 jours, en parcourant 16 mille lieues par jour, et que cette constante distance soit de 4 millions de lieues.

Pour avoir la surface du triangle décrit par les rayons vecteurs de la planète pendant ces 8 jours, il faudrait multiplier les 4 millions de lieues, qui représenteraient la hauteur du triangle, par 64 mille lieues, qui représenteraient la moitié de sa base, et on obtiendrait une surface de 256 billions de lieues.

Il faudrait procéder ainsi, parce que 8 fois 16 mille lieues parcourues par jour font 128 mille lieues qu'aurait la base du triangle, et la moitié de cette base, par laquelle on devrait multiplier la hauteur dudit triangle, pour en avoir la surface, serait, comme je l'ai dit plus haut, de 64 mille lieues.

En admettant que, pendant 8 autres jours, la même planète fût 4 fois plus éloignée du soleil, c'est-à-dire à 16 millions de lieues, ce qui serait le carré de son éloignement, parce que le carré de 4 est 16 ;

En admettant aussi que, suivant ma formule, la diminution de vitesse du mouvement circulaire de la planète fût dans les proportions de la racine carrée de 16 mille lieues, ce qui réduirait à 4 mille lieues par jour le parcours de cette planète ;

En multipliant par 8 ce nombre de 4 mille lieues, on aurait 32 mille lieues, qui représenteraient la base dudit triangle décrit en 8 jours par les rayons vecteurs de la planète, et la moitié de cette base, par laquelle il faudrait multiplier la hauteur du triangle pour en avoir la surface, serait de 16 mille lieues.

En multipliant par ces 16 mille lieues les 16 millions de lieues formant la hauteur du triangle, on obtiendrait, comme dans la première opération, une surface de 256 billions de lieues.

J'ai choisi des nombres ronds pour être plus facilement compris, et cette méthode pourrait être employée avec avantage pour se rendre compte des marches des comètes dont les distances au soleil varient extraordinairement.

Je n'ai pas la prétention de me substituer à la place des astronomes, car je n'ai ni les connaissances, ni les instruments nécessaires pour cela ; seulement, en m'appuyant sur les faits astronomiques reconnus par l'observation, je me suis rendu compte des causes d'une grande partie de ces faits, et j'ai matériellement reconnu que ces causes ne sont pas du tout celles que leur a attribuées Newton.

Il est certain que, si les observateurs du ciel n'avaient pas été éblouis par le système d'attraction, ils n'auraient pas attendu que je leur indique quelles sont les véritables causes des faits qu'on voit effectuer aux corps célestes; il est présumable qu'ils se seraient rendu compte des raisons de ces faits, surtout de ceux qui laissent des traces sur la terre par les perturbations qu'ils exercent sur les mers.

Les découvertes qui restent à faire, au sujet des causes des faits qu'on voit effectuer aux corps célestes, sont très-nombreuses, et je suis certain qu'en se débarrassant du système d'attraction, les astronomes se rendraient mieux compte des véritables causes de ces faits, en une année seulement, qu'ils ne l'ont fait pendant les deux siècles et demi qui se sont écoulés depuis l'époque des belles découvertes de l'immortel Képler.

Il m'est permis d'avancer cela en voyant que, malgré les rares perfections des instruments d'optique et les grands talents d'hommes éminents qui se sont succédé depuis l'époque à laquelle vivait Képler, les observateurs du ciel ont tellement été induits en erreur par les principes établis par Newton, qu'ils n'ont pas seulement pu apercevoir les véritables causes des faits astronomiques qui traînent sur la terre et y laissent des traces qu'on peut matériellement voir et toucher.

DISSERTATION SUR DES FAITS ASTRONOMIQUES DONT LES CAUSES
SONT INCONNUES.

Ainsi que je l'ai déjà dit (page 74), depuis des temps immémoriaux, les astronomes ont reconnu que les révolutions des planètes autour du soleil s'effectuent en des temps inégaux ; ils ont même observé les différences de temps que les planètes emploient pour accomplir leurs révolutions périodiques autour du soleil, soit par rapport aux points équinoxiaux, soit par rapport aux étoiles fixes, et soit enfin par rapport à leurs apsides.

En lisant les ouvrages sur l'astronomie, on voit que, pour accomplir sa révolution équinoxiale autour du soleil (ce qui constitue la durée de l'année vraie), la terre emploie 365 jours, 5 heures, 48 minutes et 45 secondes.

On voit aussi que, pour revenir vers la même étoile fixe, après avoir fait le tour du soleil, le globe terrestre emploie 365 jours, 6 heures, 9 minutes, 11 secondes, et c'est ce qu'on appelle l'année sidérale.

Il est également indiqué dans les ouvrages sur l'astronomie que, pour revenir vers le même apside, après avoir passé de son périgée à son apogée, ou de son apogée à son périgée, la terre emploie 365 jours, 6 heures, 15 minutes et 20 secondes.

L'axe de la terre étant toujours dirigé du même côté

dans le ciel, le temps que le globe terrestre emploie pour revenir vers la même étoile fixe, est le même de celui qu'il met pour parcourir la circonférence du cercle qu'il décrit autour du soleil, et il s'ensuit que l'achèvement de cette révolution de translation reste constamment fixé au même endroit, dans le ciel.

La révolution équinoxiale de la terre étant d'une durée de 20 minutes et 26 secondes de moins que sa révolution sidérale, il s'ensuit naturellement que les points équinoxiaux effectuent un mouvement rétrograde d'Orient en Occident, contre l'ordre des signes du zodiaque ; et, pour accomplir cette révolution, les équinoxes du globe terrestre emploient 25,739 ans, 271 jours, 9 heures, 34 minutes et 38 secondes.

On a remarqué que, depuis l'époque d'Hipparque, qui vivait quelque temps avant l'ère chrétienne, les équinoxes de la terre ont rétrogradé, d'Orient en Occident, de la valeur d'à peu près un signe.

Quant au mouvement direct des apsides de la terre d'Occident en Orient, selon l'ordre des signes du zodiaque, cette révolution des périgées et apogées du globe terrestre s'effectue bien plus lentement que celle des équinoxes.

Il en est ainsi, parce que la différence de temps que la terre emploie de plus pour revenir vers le même apside que pour revenir vers la même étoile fixe, est moins grande que celle qu'elle emploie de moins pour revenir vers son même équinoxe.

Ainsi que je l'ai déjà dit, la différence de temps en moins (qui est celle des retours de la terre vers le même équinoxe) est de 20 minutes et 26 secondes, et l'autre différence de temps en plus (qui est le retour de la terre vers le même apside) n'est que de 6 minutes et 9 secondes.

Par ces deux inégalités de temps, il s'ensuit qu'ainsi que je l'ai dit plus haut, la rétrogradation des équinoxes du globe terrestre d'Orient en Occident, contre l'ordre des signes du zodiaque, s'accomplit en 25,739 ans, 271 jours, 9 heures, 34 minutes et 38 secondes, tandis que, pour parcourir entièrement la sphère céleste d'Occident en Orient, selon l'ordre des mêmes signes, les apsides du globe terrestre doivent employer 85,520 ans, 44 jours, 12 heures, 59 minutes et 58 secondes.

Je dis que les apsides de la terre doivent employer ce temps pour accomplir leur révolution orientale, parce que le temps qu'emploie le globe terrestre pour aller de son périgée à son apogée et revenir vers le même apside, n'est que de 6 minutes et 9 secondes de plus que celui qu'il lui faut pour parcourir la circonférence de la sphère céleste et revenir vers la même étoile fixe.

Par ce fait, il faut que ces 6 minutes et 9 secondes d'inégalité soient renouvelées bien des fois pour composer une durée du temps qu'emploie la terre pour aller d'un apside à l'autre et revenir vers le même.

J'ai calculé que, par la cumulation des 6 minutes et 9 secondes, à chaque retour du globe terrestre vers son même périhélie ou vers son même aphélie, les apsides de la terre emploient, ainsi que je l'ai dit plus haut, 85,520 ans, 44 jours, 12 heures, 59 minutes et 58 secondes, pour effectuer leur révolution d'Occident en Orient, selon l'ordre des signes du zodiaque.

Ainsi que je l'ai expliqué (page 75), au lieu de chercher s'il n'y a pas quelques moyens plus sérieux que des imaginations chimériques pour indiquer les causes des inégalités de temps que les planètes emploient pour effectuer leur révolution de translation autour du soleil, les Newtoniens attribuent ces inégalités à une puissance attractive, qu'ils augmentent et diminuent à volonté, au moyen d'une autre puissance rivale, pour faire concorder les causes avec les faits observés.

Il résulte de cela que, lorsque les praticiens de la formule newtonienne ont achevé leur démonstration à l'égard des causes des faits, on est aussi bien renseigné que s'ils n'avaient absolument rien dit, parce que les concordances qu'ils font intervenir par des forces imaginées ne sont soumises à aucun contrôle pour en justifier l'exactitude.

Pour fournir péremptoirement la preuve de ce que j'avance, je parlerai du mouvement direct des apsides

des planètes d'Occident en Orient, selon l'ordre des signes du zodiaque.

Les astronomes, imbus des principes établis par Newton, ont attribué au mouvement direct des apsides des planètes une foule de conjectures très-ingénieuses, il est vrai, mais qui n'indiquent absolument rien de positif, parce que les différentes raisons qu'ils font intervenir pour expliquer ce mouvement ne sont appuyées d'aucune preuve, au moyen d'une échelle représentant des valeurs numériques en mesure quelconque.

Les Newtoniens appellent révolution anomalistique le temps qu'une planète emploie pour passer de son aphélie à son périhélie ou de son périhélie à son aphélie, et ils supposent que les déviations des périgées et apogées des planètes dépendent des puissances attractives de quelques planètes voisines.

Les disciples du grand calculateur anglais supposent aussi d'autres causes pour produire les déplacements des apsides des planètes. Parmi ces causes figure l'aplatissement des pôles des planètes principales pour expliquer les mouvements des apsides des satellites des planètes, et d'autres causes seraient puisées dans la résistance qu'on peut (selon eux) imaginer à la matière éthérée où les planètes se meuvent, etc., etc.

Par ces explications, on voit que les astronomes, étant éblouis par le système d'attraction, sont obligés d'avoir recours à toutes sortes de suppositions pour expliquer les causes des mouvements qu'on voit effectuer aux corps célestes, et on reconnaît que ces conjectures ne méritent aucune confiance, puisqu'elles ne sont démontrées par aucune raison plausible.

On comprend, enfin, que, puisque les suppositions des Newtoniens peuvent s'augmenter et se diminuer à volonté pour faire concorder les causes avec les faits observés, ces suppositions ne signifient absolument rien du tout pour expliquer les causes de n'importe quels mouvements.

Maintenant que j'ai fait comprendre la nullité des principes établis par Newton pour indiquer les causes des mouvements qu'on voit effectuer aux corps célestes, je vais expliquer pourquoi une planète met un peu plus de temps pour aller d'un apside à l'autre, et revenir vers le même, que pour faire le tour du soleil et revenir vers la même étoile fixe qui a marqué le point de départ.

Mes combinaisons ne sont pas prises sur des suppositions de forces faites à plaisir pour faire concorder les causes avec les faits, comme les conjectures présentées par les attractionnaires, mes opérations sont le résultat de chiffres appuyés sur les mouvements des planètes, tels qu'ils sont reconnus, depuis fort longtemps, par la science astronomique, et tels qu'ils ont été observés par de grandes célébrités.

On pourra objecter que, n'ayant jamais observé les mouvements des astres, il doit m'être impossible de pouvoir préciser la nature de leurs mouvements. Je répondrai à cela qu'il est vrai que je n'ai jamais fait moi-même aucune observation, mais que, m'en rapportant à celles faites par d'habiles praticiens en astronomie, tels que Képler, De Lalande, François Arago et d'autres célébrités, le cabinet dans lequel je fais mes combinaisons serait-il placé dans une cave, cela n'ôterait rien à la justesse de mes opérations, pourvu que cette cave soit assez éclairée pour que je puisse y faire mes calculs.

Ainsi donc, c'est sur la géométrie, qui est d'une exactitude à toute épreuve, et sur le mouvement de la planète Mars autour du soleil, observé par Képler, que je m'appuie pour indiquer la courbe que décrit ladite planète Mars autour du globe solaire, et je justifie l'exactitude de mes combinaisons au moyen d'une échelle de proportion.

Comme mes chiffres (quoique grands) sont très-faciles à comprendre, chacun pourra vérifier la coïncidence qui existe entre l'étendue d'espace parcourue par la planète Mars autour du soleil, représentée en nombre de lieues, et l'étendue, sur le papier, au moyen de l'échelle de proportion, représentée par un nombre de millimètres.

En comparant les deux figures n° 1 et n° 2, on comprendra de suite pourquoi la planète Mars emploie un peu plus de temps pour passer d'un apside à l'autre, et revenir vers le même, que pour faire le tour du soleil et revenir vers la même étoile fixe, et on verra que le ré-

sultat de cette opération ne dépend pas des forces imaginées, augmentées et diminuées à plaisir, comme font les
Newtoniens, pour faire concorder les causes avec les
faits.

On reconnaîtra que mon opération est le résultat du
véritable parcours de la planète Mars autour du soleil,
par suite de ses inégalités de distances, d'après les
observations faites par l'illustre Képler.

Ainsi que cela se voit par la figure n° 1 (qui représente le demi-parcours de la planète Mars autour du
soleil, en conservant la même distance de cet astre), la
courbe que décrit la planète Mars dans ce cas représente
la demi-circonférence d'un cercle parfaitement circulaire.

Il n'en est pas de même de la courbe que décrit réel-
lement la planète Mars autour du soleil, d'après ses inégalités de distances basées sur les observations faites par
Képler, et ainsi que cela se voit par la figure n° 2.

En passant de son apogée à son périgée ou de son périgée à son apogée, la planète Mars décrit une courbe
hyperbolique, qui se ferme vers ses apsides, soit en
atteignant son périhélie, soit en arrivant vers son
aphélie.

Malgré la déformation des triangles que contient la
figure n° 2, par suite de la variation des distances de la
planète Mars au soleil, la proportionnalité de la grandeur des aires décrites, en des temps égaux, par les

rayons vecteurs de ladite planète Mars est cause que les
11 triangles que renferme la figure n° 2 ont chacun la
même surface que les 11 que contient la figure n° 1.

On peut se rendre compte de cela en multipliant la
hauteur des divers triangles que renferme la figure n° 2
par la moitié de la grandeur de leur base, et on trouvera à tous la même surface qu'en faisant la même opération à l'un des triangles que contient la figure n° 1.

Les surfaces qu'on trouvera aux divers triangles contenus dans la figure n° 2 seront uniformément de 389
trillions, 654 billions, 375 millions de lieues, représentés par 1,558 millimètres, 6,175 dix millièmes de
millimètre, comme dans la figure n° 1, l'échelle étant la
même de 500 mille lieues carrées par millimètre carré.

En multipliant par 11 le nombre de lieues des surfaces de chaque triangle, on trouve que les surfaces des
deux demi-parcours de la planète Mars autour du soleil,
représentés par les deux figures n° 1 et n° 2, sont chacun de 4 quatrillions, 286 trillions, 198 billions, 125
millions de lieues.

En réunissant les surfaces de ces deux demi-parcours,
on trouve que le total du parcours de la planète Mars
autour du soleil a une surface de 8 quatrillions, 572 trillions, 396 billions, 250 millions de lieues, représentés
par 34,289 millimètres, 585 millièmes de millimètre.

Il en est ainsi, parce que, d'après l'échelle, chaque
triangle que contiennent les deux figures n° 1 et n° 2

étant représenté par une surface de 1,558 millimètres, 6,175 dix millièmes de millimètre, en multipliant ce nombre par 22 pour représenter les 22 triangles dont se composent l'ensemble des deux figures, on trouve 34,289 millimètres, 585 millièmes de millimètre.

L'échelle étant de 500 mille lieues carrées par millimètre carré, chaque millimètre présente une surface de 250 billions de lieues, parce que le carré de 500 mille est de 250 billions, et, en multipliant par ce dernier nombre les 34,289 millimètres, 585 millièmes de millimètre de surface indiqués sur le papier par les deux figures, on trouve les 8 quatrillions, 572 trillions, 396 billions, 250 millions de lieues de surface représentés par le parcours de la planète Mars, dans le ciel, autour du soleil.

Pour éviter qu'on doute de la rigoureuse exactitude qui existe entre les surfaces indiquées dans l'espace par le parcours de la planète Mars autour du soleil et celles indiquées sur les deux figures n° 1 et n° 2, au moyen de l'échelle de 500 mille lieues carrées par millimètre carré, je ferai remarquer :

1° Que les 11 triangles que renferme la figure n° 1 sont d'une régulière hauteur de 52 millions, 250 mille lieues, représentées par 104 millimètres, 50 centièmes de millimètre;

2° Que les bases de ces mêmes triangles sont uniformément de 14 millions, 945 mille lieues, représentées par 29 millimètres, 83 centièmes de millimètre;

3° Et enfin que les moitiés des bases de ces triangles, par lesquelles il faut multiplier leur hauteur pour en avoir les surfaces, sont de 7 millions, 457 mille, 500 lieues, représentées par 14 millimètres, 915 millièmes de millimètre.

Ainsi donc, en multipliant les 52 millions, 250 mille lieues, qui représentent la hauteur des triangles, par les 7 millions, 457 mille 500 lieues, qui représentent la moitié de leur base, on trouve les 389 trillions, 654 billions, 375 millions de lieues, qui représentent les surfaces de ces triangles décrits dans l'espace par les rayons vecteurs de la planète Mars en 31 jours, 227 millièmes de jour.

Comme aussi, en multipliant les 104 millimètres, 50 centièmes de millimètre (qui représentent la hauteur des triangles dans la figure n° 1) par les 14 millimètres, 915 millièmes de millimètre (qui représentent la moitié de la grandeur des bases desdits triangles), on trouve les 1,558 millimètres, 6,175 dix millièmes de millimètre de surface, comme cela a déjà été expliqué (page 43).

La figure n° 1 représentant le demi-parcours de la planète Mars autour du soleil, dans le cas où cette dernière planète conserverait sa même distance de cet astre, j'ai démontré, par la figure n° 2, quelle est la véritable courbe que décrit ladite planète Mars autour du soleil, par suite de ses inégalités de distances basées sur les observations faites par Képler.

D'après la proportionnalité des surfaces décrites, en des temps égaux, par les rayons vecteurs de la planète Mars, j'ai indiqué (pages 69 et autres) quelles sont les hauteurs des 11 triangles que contient la figure n° 2, ainsi que les grandeurs des bases de ces 11 triangles.

Pour ne rien laisser à désirer et faciliter la vérification de l'exactitude de mes opérations, je mets en regard des hauteurs des 11 triangles contenus dans la figure n° 2, les grandeurs des moitiés des bases de ces 11 triangles, par lesquelles moitiés il faut multiplier les hauteurs pour en avoir les surfaces.

Exemple :

Longueurs des hauteurs des triangles contenus dans la figure n° 2.	Grandeurs de la moitié des bases des triangles que contient la fig. n° 2.
N° 1, 56,568,182 lieues.	6,888,225 lieues.
2, 55,704,546	6,995,019
3, 54,840,910	7,105,177
4, 53,977,274	7,218,859
5, 53,113,638	7,336,239
6, 52,250,000	7,457,500
7, 51,386,366	7,582,835
8, 50,522,730	7,712,456
9, 49,659,094	7,846,586
10, 48,795,458	7,985,464
11, 47,931,822	8,129,346

Après cette vérification, pour se rendre compte pourquoi les planètes emploient un peu plus de temps pour passer d'un apside à l'autre et revenir vers le même que pour faire le tour du soleil et revenir vers la même étoile fixe, il suffit de remarquer, dans la figure n° 2, que, par suite de la déformation des triangles que contient cette dernière figure, il s'ensuit que, lorsque la planète Mars a passé du rayon 0 apogée au rayon n° 11 périgée, elle n'aboutit pas, comme dans la figure n° 1, vers une ligne droite tirée de ladite planète Mars à une étoile fixe diamétralement opposée, en passant par le centre du soleil.

On voit, par la figure n° 2, que, lorsque la planète Mars est allée d'un apside à l'autre, elle a un peu contre-passé l'endroit où se trouve la ligne droite qui communique à ladite étoile fixe diamétralement opposée, et qui a marqué le point de départ.

En présence d'une semblable réalité (qui ne peut pas être révoquée en doute en étant appuyée sur la proportionnalité des surfaces décrites, en des temps égaux, par les rayons vecteurs de la planète Mars), on voit que tous les efforts d'imagination que font les Newtoniens pour expliquer les causes des déplacements des planètes sont en pure perte.

On comprend aussi qu'en continuant à suivre les principes établis par Newton et ses successeurs, les observateurs du ciel auraient pu tarder encore plus de dix mille ans sans comprendre pourquoi les planètes reviennent un peu plus tôt vers la même étoile fixe, après avoir fait le tour du soleil, qu'elles ne reviennent vers leur même apside, pas plus qu'ils n'ont compris la véritable cause des flux et reflux des mers qui ont lieu à la surface de la terre.

Le système d'attraction a tellement jeté du trouble dans la science astronomique, qu'il a empêché aux observateurs du ciel de se rendre compte des choses les plus simples et les plus faciles à concevoir ; car n'est-il pas bien extraordinaire qu'on soit resté jusqu'à présent sans comprendre la nécessité de la continuation de l'atmosphère de la terre jusqu'à la lune, en voyant ce qui se passe à la surface des mers ?

En limitant la hauteur de l'atmosphère de la terre comme on a fait jusqu'à ce jour, sans l'étendre jusqu'au globe lunaire, par quelle nouvelle puissance, mystérieuse comme l'attraction, pourrait-on expliquer comment la lune peut faire aplanir la sphéricité des mers sans être en contact avec elles par la continuation de l'atmosphère du globe terrestre, dans laquelle elle se trouve plongée ?

N'est-on pas encore forcé de reconnaître qu'il en est ainsi pour expliquer également comment la lune est emportée autour du soleil par le mouvement de l'ensemble du système terrestre, dont elle fait partie comme satellite de la terre, qui est à la fois son moteur répulsif et son point d'appui ?

C'est dans le but de faire éclaircir ces questions que

j'engage les autorités compétentes de la nation française à *ordonner* qu'il se fasse une enquête sérieuse à l'égard des véritables causes des perturbations qui ont lieu sur les grandes mers libres, en dehors de celles où se trouvent les ports européens.

On ne doit pas souffrir que, dans l'Annuaire du Bureau des longitudes de Paris (qui devrait figurer comme le phare le plus lumineux de ceux qui éclairent la science), il ne soit question que des marées qui ont lieu vers le côté oriental de l'Océan Atlantique septentrionnal, où se trouvent les ports d'Europe.

Par des raisons que j'ai expliquées (pag. 87, 93, 94, 95 et 96), on ne doit pas se contenter de cela, parce que, en ne s'occupant que des flux et reflux qui ont lieu vers le côté oriental de l'Océan Atlantique septentrionnal, où sont les ports européens, les Annuaires du Bureau des longitudes de Paris ne servent pas plus pour indiquer les variations des ondulations qui circulent dans les grandes mers libres, que s'ils ne s'occupaient de rien concernant les marées.

Je persiste donc (dans l'intérêt de la sécurité des navigateurs à long cours et dans celui du progrès des sciences) à demander que les honorables membres du Bureau des longitudes de Paris s'occupent sérieusement des véritables influences qu'exercent la lune et le soleil sur les grandes mers libres, et qu'ils émettent leur opinion à cet égard dans les Annuaires qu'ils publieront prochainement.

Ils feront ces indications suivant leur manière de voir, soit en affirmant, soit en contredisant ce que j'avance ; car je ne prétends pas imposer ma méthode sans qu'elle soit contrôlée.

Pour maintenir la France dans sa dignité parmi les nations savantes, les efforts des autorités compétentes de cette nation doivent tendre à se renseigner, autant que possible, sur les véritables rapports qui ont lieu entre la terre, le soleil et la lune.

Il leur est facile d'obtenir ces renseignements par le contact qui existe entre ces deux derniers astres et le globe terrestre, à la surface duquel le soleil et la lune laissent des traces bien visibles par les perturbations qu'ils font surgir sur les mers.

Pour atteindre ce but, pour être bien fixé sur les véritables influences qu'exercent sur les mers la lune et le soleil, les représentants de la nation française doivent faire étudier par des hommes compétents si les variations continuelles des ondulations désastreuses qui ont lieu sur les mers libres ne dépendent pas, comme je le dis, des variations en latitude des rayons vecteurs du soleil et de la lune.

Ces études auront le double avantage de faire progresser la science et de rendre beaucoup moins dangereuses les navigations lointaines, en faisant positivement connaître les époques et les endroits où les désastreuses ondulations doivent avoir lieu.

Lorsque les hommes compétents auront reconnu que les variations en latitude des rayons vecteurs de la lune et du soleil font varier en latitude les ondulations qui circulent dans les grandes mers libres, ils comprendront les dangers que font courir aux navigateurs ces grandes ondulations lorsquelles ont lieu près des côtes où il se trouve des navires ; ils comprendront également pour quoi, dans le grand Océan et dans la Mer des Indes, il y a des endroits qui, par fois, n'ont qu'une seule marée par jour, comme je l'ai indiqué page 95.

Enfin, par les indications qui leur sont données, et par les recherches qu'ils peuvent faire, les honorables membres du bureau des longitudes de Paris pourraient être bientôt fixés à l'égard des causes de toutes les marées, et ils indiqueraient leur opinion à ce sujet dans le prochain annuaire qu'ils publieront.

Comme des découvertes en font presque toujours faire de nouvelles, je crois que, lorsque la science sera débarrassée du système d'attraction, on pourra se rendre compte de la cause pour laquelle une commotion électrique se ferait sentir instantanément sur toute la surface du globe terrestre, au moyen d'un conducteur propice pour cela.

Je ne suis déjà pas très-éloigné de croire que la promptitude avec laquelle l'électricité se communique autour de la terre vient de ce que le globe terrestre (qui doit être creux dans son intérieur et composé de matières incandescentes et impondérables) se trouve assez rapproché du centre du système solaire pour être totalement plongé dans la matière électrique et incandescente dont le soleil serait environné.

Dans cette hypothèse, la terre serait soutenue par la répulsion du soleil ; semblable à une boule creuse, d'un métal quelconque, qui est soutenue par un jet d'eau, le globe terrestre tournerait sur lui-même comme tourne la boule creuse, et l'électricité du soleil envelopperait la terre de toutes parts, comme l'eau enveloppe la boule creuse qu'elle soutient en l'air.

Parmi les connaissances que j'ai acquises en me rendant compte des causes des faits qu'on voit effectuer aux corps célestes, il y en a qui ne sont que des hypothèses plus ou moins probables.

Comme, par exemple, la nature des comètes et leurs mouvements autour du soleil, la cause de la promptitude de la communication de l'électricité autour du globe terrestre, etc., etc. ; je ne parle de ces choses qu'à titre de probabilité.

Il n'en est pas de même de certaines connaissances que j'ai acquises et que je pose comme étant des réalités incontestables, qui, tôt ou tard, seront reconnues comme telles.

Ces connaissances sont les suivantes :

1° La force répulsive et impulsive du soleil, par laquelle cet astre soutient les planètes à distance de son corps et les fait circuler d'Occident en Orient avec des vitesses qui augmentent et diminuent dans les proportions des rapprochements et éloignements desdites planètes au soleil (1) ;

2° Le carré du rapprochement d'une planète au soleil occasionne la racine carrée de l'augmentation de vitesse de son mouvement circulaire autour de cet astre, tout comme le carré de l'éloignement d'une planète au soleil occasionne la racine carrée de la diminution de vitesse de ce même mouvement (2) ;

3° Les carrés des distances des planètes au soleil occasionnent les cubes des temps de leurs révolutions périodiques autour de cet astre, et il résulte de ce fait que les carrés des temps des révolutions périodiques des planètes autour du soleil se trouvent entre eux comme les cubes de leur distance *(Troisième loi de Képler)* (3) ;

---

(1) Cette force répulsive et impulsive (qui est l'agent actif et primitif de la matière) a lieu dans tous les corps en général, et elle est représentée par la force centrifuge desdits corps.

(2) Ce fait est la véritable cause des *lois de Képler*, ainsi que de toutes les particularités des mouvements des planètes.

(3) Les rapports qui existent entre les carrés des temps des révolutions périodiques des planètes autour du soleil et les cubes de leurs distances

4° Les véritables courbes que décrivent les planètes par leurs mouvements de translation autour du soleil sont des hyperboles et non des ellipses, comme il est indiqué dans tous les ouvrages sur l'astronomie ; et ces courbes hyperboliques sont la conséquence de ce que les aires que décrivent les rayons vecteurs des planètes, en un temps quelconque, restent proportionnelles aux temps employés à les décrire malgré leurs inégalités de distance (*Deuxième loi de Képler*) (1) ;

---

ont été découverts par l'illustre Képler et mal interprétés par Newton, qui trouva dans ces rapports une nouvelle loi physique de la matière.

Ainsi que je l'ai démontré dans le courant de cet ouvrage, les *Deuxième et Troisième lois de Képler* dépendent d'une seule et même loi physique, et la *Troisième loi de Képler* n'est que la conséquence de ce que les carrés des distances des planètes au soleil occasionnent les cubes des temps de leurs révolutions périodiques autour de cet astre.

Néanmoins, la découverte des rapports qui existent entre les carrés des temps des révolutions périodiques des planètes autour du soleil et les cubes de leurs distances ayant été faite par Képler, et cette découverte ayant occasionné des recherches très-utiles à la science, ces rapports devront conserver le nom de *Troisième loi de Képler*, et ils devront continuer à être considérés comme étant une très-importante découverte en astronomie.

(1) La découverte de la proportionnalité des aires décrites, en des temps égaux, par les rayons vecteurs d'une planète dont les distances au soleil sont inégales, étant l'œuvre du grand génie de Képler (car je ne fais qu'en indiquer la cause), cette incomparable découverte des aires proportionnelles aux temps devra conserver le nom de *Deuxième loi de Képler*.

La proportionnalité des surfaces, par sa rigoureuse exactitude, pouvant servir de pierre de touche pour se rendre compte des véritables courbes que décrivent les planètes autour du soleil, cette *Deuxième loi de*

5° Et, enfin, la véritable cause des flux et reflux des mers par les pressions lunaires et solaires des deux côtés de la terre à la fois (1).

La formule newtonienne étant complétement en défaut pour expliquer les mouvements des planètes autour du soleil, cette formule devra être remplacée par une autre moins transcendante mais beaucoup mieux en harmonie avec ce qui se voit.

Cette dernière formule (dont il a été parlé plusieurs fois dans cet ouvrage et qu'on pourra appeler *Formule d'Antoine Deryaux*) est ainsi conçue :

Le carré du rapprochement d'une planète au soleil occasionne la racine carrée de l'augmentation de vitesse de son mouvement circulaire autour de cet astre, tout comme le carré de l'éloignement d'une planète au soleil occasionne la racine carrée de la diminution de vitesse de ce même mouvement.

Je dis que ma formule est en harmonie avec ce qui se voit, parce qu'elle explique mieux qu'on ne l'a fait jus-

---

Képler doit continuer à être considérée comme étant la plus importante et la plus nécessaire des découvertes astronomiques qui se soient faites jusqu'à ce jour.

(1) On trouve des détails précis à cet égard, pages 44, 45 et 46 de ma brochure intitulée : *Découverte de la véritable cause des flux et reflux des mers, basée sur la force centrifuge des corps, contradictoirement au système d'attraction.*

qu'à ce jour les diverses particularités des mouvements des planètes autour du soleil.

Ainsi que je l'ai dit (page 103), il est à peu près certain que si les observateurs du ciel n'avaient pas été éblouis par le système d'attraction, ils n'auraient pas attendu que je leur indique les véritables causes des faits qu'on voit effectuer aux corps célestes; il est présumable qu'ils se seraient rendu compte des raisons de ces faits, surtout de ceux qui laissent matériellement des traces à la surface de la terre par les perturbations qu'ils exercent sur les mers.

Néanmoins, comme il serait bientôt temps (dans l'intérêt de la sécurité de la navigation et dans celui du progrès des sciences) de replacer le char de la science astronomique sur la bonne voie, afin qu'il cesse de patauger, comme il le fait depuis plus de deux cents ans, je fais un appel aux hommes compétents, de bonne foi, et je pose aux partisans de la formule newtonienne le défi suivant :

Je les défie de composer le parcours d'une planète autour du soleil dont les distances seraient inégales, et dont les aires décrites par ses rayons vecteurs seraient proportionnelles aux temps employés à les décrire, je les défie, dis-je, de composer le parcours d'une telle planète au moyen d'une ellipse, comme cela est enseigné par la formule newtonienne et indiqué dans tous les ouvrages sur l'astronomie.

Au lieu d'être une courbe elliptique que décrira autour du soleil une planète dont les distances seront inégales et dont les aires décrites par ses rayons vecteurs seront proportionnelles aux temps employés à les décrire, cette courbe sera toujours plus ou moins hyperbolique, suivant la plus ou moins grande inégalité de distance de ladite planète au soleil.

J'espère qu'en plein dix-neuvième siècle, nommé siècle des lumières, cet appel aura de l'écho ; car il suffirait de l'impossibilité où se trouveraient les attractionnaires de composer le parcours demandé pour détruire entièrement le prestige qu'exercent les principes établis par le grand géomètre anglais, et faire tomber le bandeau que le système d'attraction a placé sur les yeux des astronomes.

Dans ce cas, les navigateurs à long cours seraient beaucoup moins exposés à de nombreux naufrages qu'ils le sont maintenant par le manque de connaissances à l'égard des causes des flux et reflux des mers, et, le char de la science astronomique se retrouverait dans la bonne voie d'où l'a fait dévier Newton.

Vienne, le 5 août 1872.

Antoine DERYAUX.

ERRATA.

Page 19, ligne 13°, lisez : *s'effectuant*, au lieu de *s'affectuent*.

Page 29, ligne 19°, lisez : *Ce même corps inférieur se trouve*, au lieu de *Ces mêmes corps inférieurs se trouvent*.

Page 39, ligne 14°, lisez : *aphélie*, au lieu d'*aphébie*.

Page 40, ligne 11°, lisez : *de la 32° partie*, au lieu de *la 31° partie*.

Page 42, ligne 20°, lisez : *343 jours 497 millièmes de jour*, au lieu de *393 jours 50 centièmes de jour*.

Page 60, ligne 17°, lisez : *par la 32° partie* au lieu de *la 31° partie*.

Page 60, ligne 22°, lisez : *sur la 32° partie* au lieu de *sur la 31° partie*.

Page 61, ligne 4°, lisez : *est un 32° plus grande*, au lieu de *est un 31° plus grande*.

Page 64, dernier alinéa de la note : au lieu de *il leur suffit que leur grand-maître l'ai dit pour, etc.* lisez : *il leur suffit que leur grand-maître l'ait dit pour etc.*

Page 85, ligne 5°, répétition du mot *sur*.

Page 101, ligne 8°, lisez : *conserva* au lieu de *conserve*.

TABLE
DES MATIÈRES.

VIENNE. — IMPRIMERIE ET LITHOGRAPHIE J. TIMON.

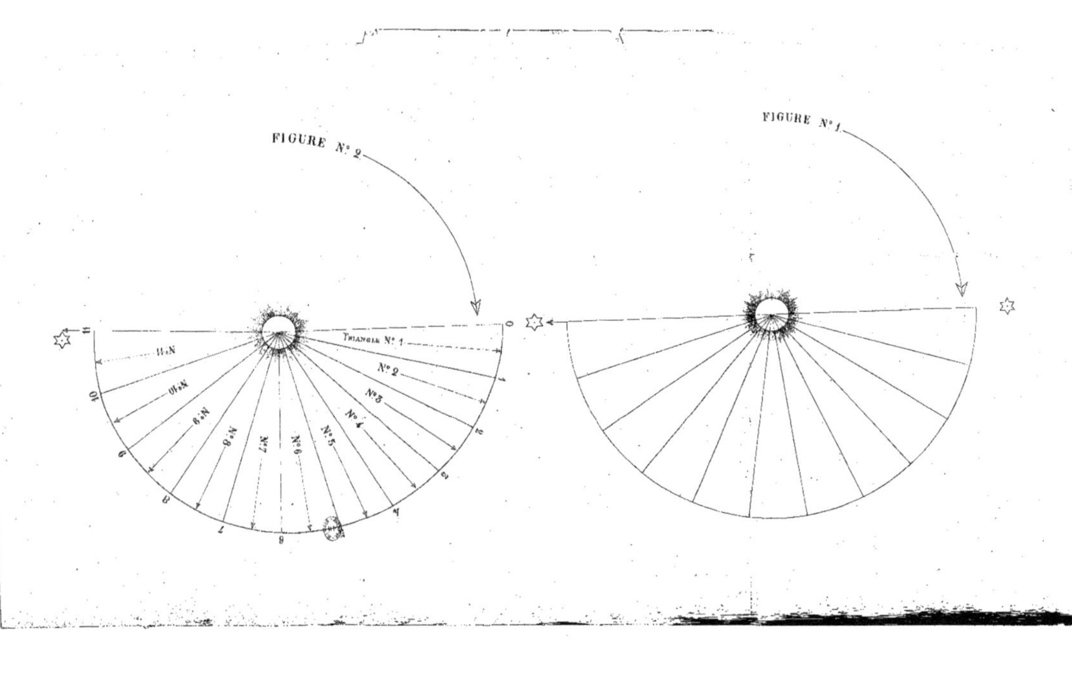

FIGURE Nº 2
FIGURE Nº 1
Triangle Nº 1
Nº 2
Nº 3
Nº 4
Nº 5
Nº 6
Nº 7
Nº 8
Nº 9
Nº 10
Nº 11
0
1
2
3
4
5
6
7
8
9
10
11

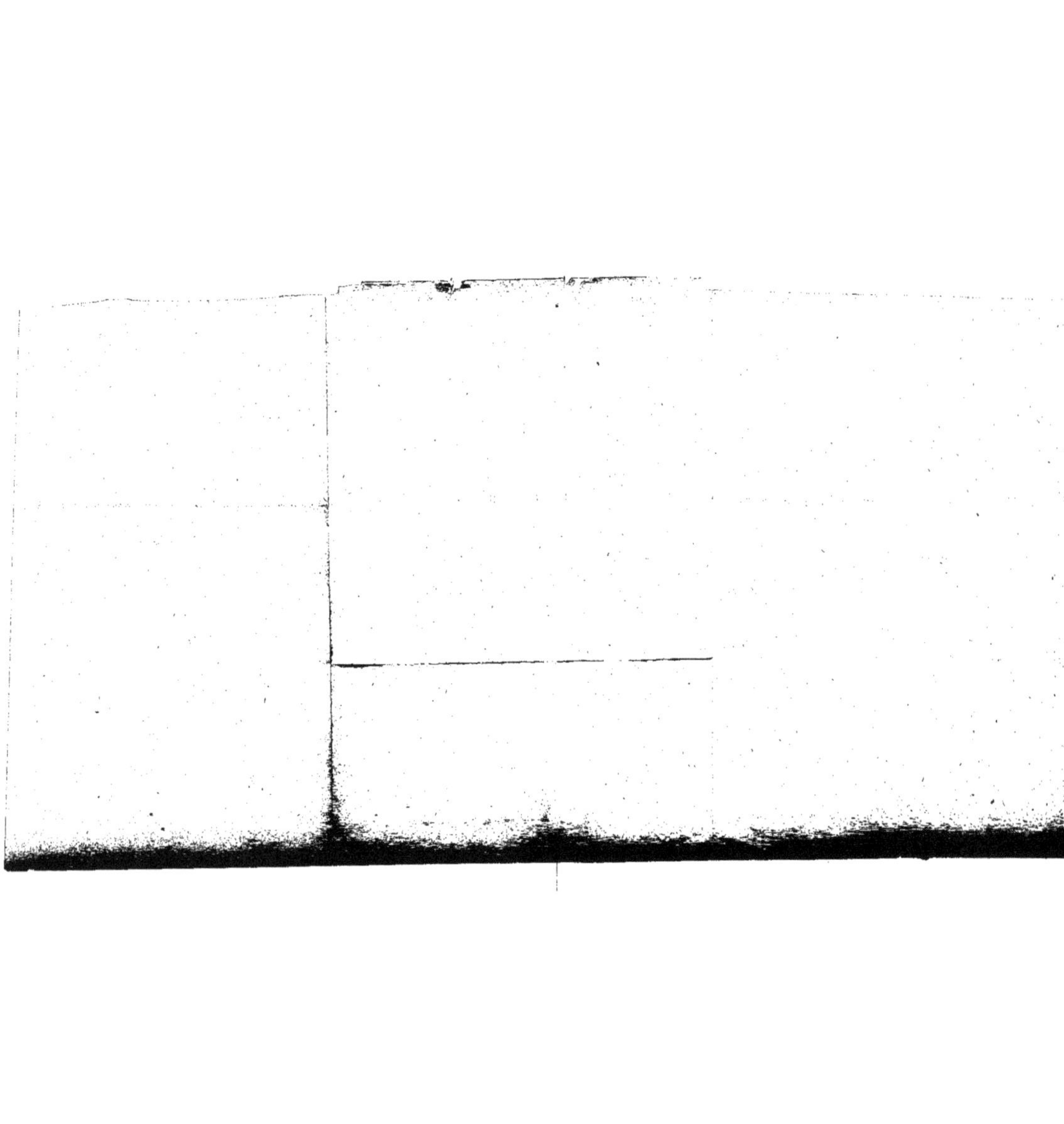

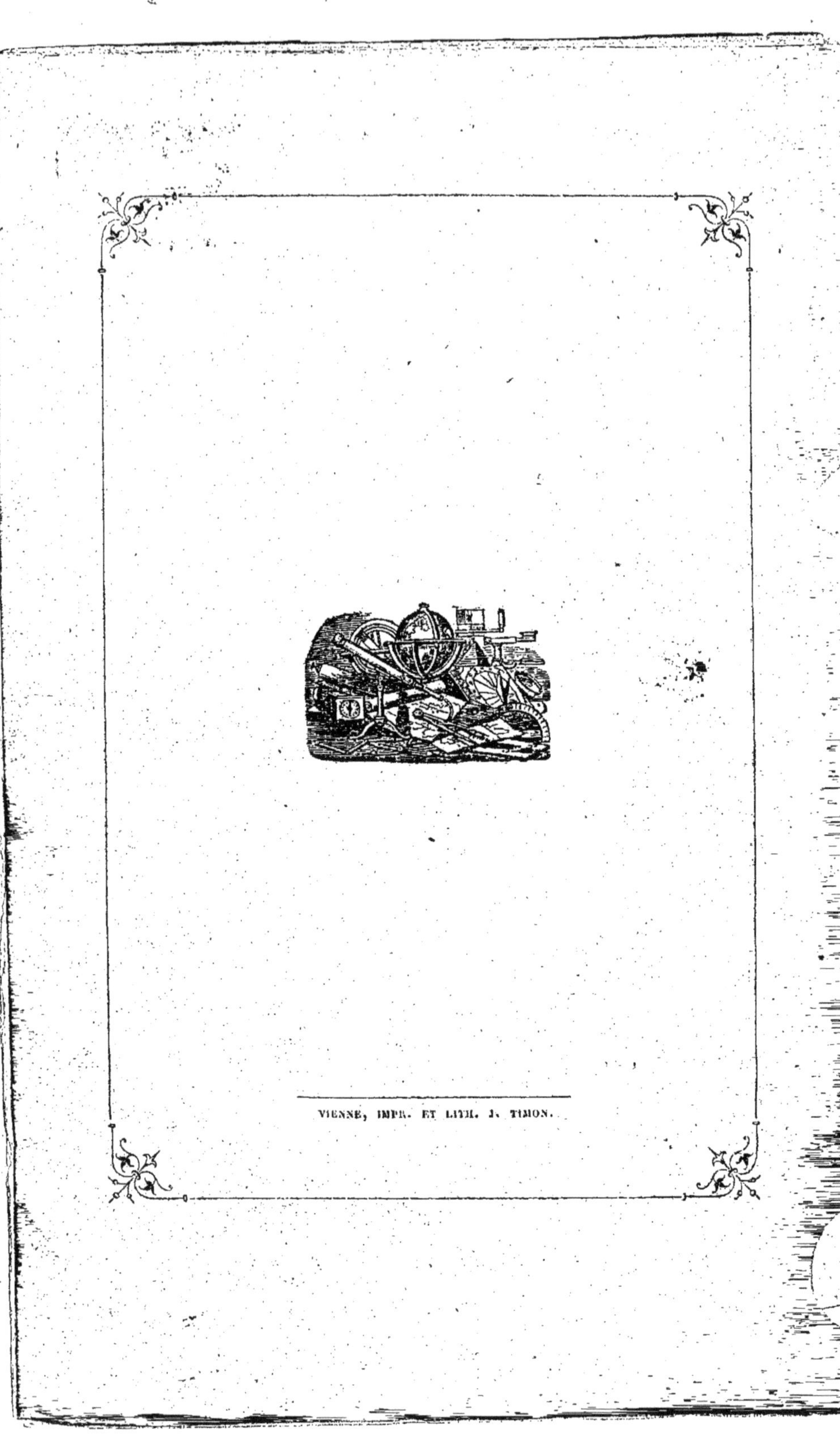

VIENNE, IMPR. ET LITH. J. TIMON.